国家彩票公益金资助 · 大字版

顾森 著

思考的乐趣

Matrix67数学笔记

几何的大厦

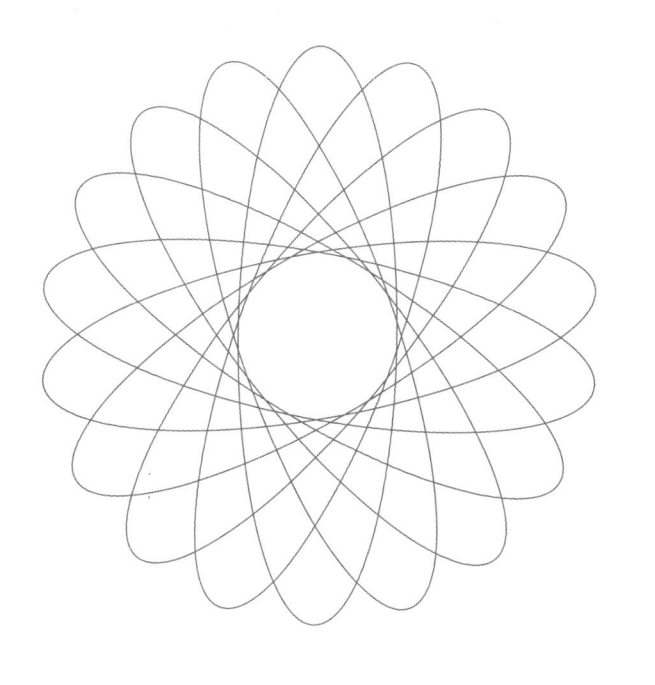

U0162263

中国盲文出版社

图书在版编目（CIP）数据

几何的大厦：大字版 / 顾森著. —北京：中国盲文出版社，2020.10

（思考的乐趣：Matrix67 数学笔记）

ISBN 978 - 7 - 5002 - 9990 - 5

Ⅰ.①几… Ⅱ.①顾… Ⅲ.①数学—普及读物 Ⅳ.①O1 - 49

中国版本图书馆 CIP 数据核字（2020）第 176694 号

本书由人民邮电出版社授权中国盲文出版社在中国大陆地区独家出版发行大字版。版权所有，盗版必究。

几何的大厦

著　　者：顾　森
出版发行：中国盲文出版社
社　　址：北京市西城区太平街甲 6 号
邮政编码：100050
印　　刷：东港股份有限公司
经　　销：新华书店
开　　本：710×1000　1/16
字　　数：50 千字
印　　张：7.5
版　　次：2020 年 10 月第 1 版　2020 年 10 月第 1 次印刷
书　　号：ISBN 978 - 7 - 5002 - 9990 - 5/O · 43
定　　价：24.00 元
销售服务热线：（010）83190520

序一

我本不想写这个序。因为知道多数人看书不爱看序言。特别是像本套书这样有趣的书，看了目录就被吊起了胃口，性急的读者肯定会直奔那最吸引眼球的章节，哪还有耐心看你的序言？

话虽如此，我还是答应了作者，同意写这个序。一个中文系的青年学生如此喜欢数学，居然写起数学科普来，而且写得如此投入又如此精彩，使我无法拒绝。

书从日常生活说起，一开始就讲概率论教你如何说谎。接下来谈到失物、物价、健康、公平、密码还有中文分词，原来这么多问题都与数学有关！但有关的数学内容，理解起来好像并不是很容易。一个消费税的问题，又是图表曲线，又是均衡价格，立刻有了高深模样。说到最后，道理很浅显：向消费者收税，消费意愿减少，商人的利润也就减

少；向商人收税，成本上涨，消费者也就要多出钱。数学就是这样，无论什么都能插进去说说，而且千方百计要把事情说个明白，力求返璞归真。

如果你对生活中这些事无所谓，就请从第二部分"数学之美"开始看吧。这里有"让你立刻爱上数学的 8 个算术游戏"。作者口气好大，区区几页文字，能让人立刻爱上数学？你看下去，就知道作者没有骗你。这些算术游戏做起来十分简单却又有趣，背后的奥秘又好像深不可测。8 个游戏中有 6 个与数的十进制有关，这给了你思考的空间和当一回数学家的机会。不妨想想做做，换成二进制或八进制，这些游戏又会如何？如果这几个游戏勾起了你探究数字奥秘的兴趣，那就接着往下看，后面是一大串折磨人的长期没有解决的数学之谜。问题说起来很浅显明白，学过算术就懂，可就是难以回答。到底有多难，谁也不知道。也许明天就有人想到了一个巧妙的解法，这个人可能就是你；也许一万年仍然是个悬案。

但是这一部分的主题不是数学之难，而是数学之美。这是数学文化中常说常新的话题，大家从各自不同的角度欣赏数学之美。陈省身出资两万设计出版了"数学之美"挂历，十二幅画中有一张是分形，是唯一在本套书这一部分中出现的主题。这应了作者的说法："讲数学之美，分形图形是不可不讲的。"喜爱分形图的读者不妨到网上搜索一下，在图片库里有丰富的彩色分形图。一边读本书，一边欣赏神秘而美丽惊人的艺术作品，从理性和感性两方面享受思考和观察的乐趣吧。此外，书里还有不常见的信息，例如三角形居然有 5000 多颗心，我是第一次知道。看了这一部分，马上到网上看有关的网站，确实是开了眼界。

作者接下来介绍几何。几何内容太丰富了，作者着重讲了几何作图。从经典的尺规作图、有趣的单规作图，到疯狂的生锈圆规作图、意外有效的火柴棒作图，再到功能特强的折纸作图和现代化机械化的连杆作图，在几何世界里我们做了一次心旷神怡的旅游。原来小时候玩过的折纸剪纸，都能够登上数学的大雅之堂了！最近看到《数学文化》月刊

上有篇文章，说折纸技术可以用来解决有关太阳能飞船、轮胎、血管支架等工业设计中的许多实际问题，真是不可思议。

学习数学的过程中，会体验到三种感觉。

一种是思想解放的感觉。从小学学习加减乘除开始，就不断地突破清规戒律。两个整数相除可能除不尽，引进分数就除尽了；两个数相减可能不够减，引进负数就能够相减了；负数不能开平方，引进虚数就开出来了。很多现象是不确定的，引进概率就有规律了。浏览本套书过程中，心底常常升起数学无禁区的感觉。说谎问题、定价问题、语文句子分析问题，都可以成为数学问题；摆火柴棒、折纸、剪拼，皆可成为严谨的学术。好像在数学里没有什么问题不能讨论，在世界上没有什么事情不能提炼出数学。

一种是智慧和力量增长的感觉。小学里使人焦头烂额的四则应用题，一旦学会方程，做起来轻松愉快，摧枯拉朽地就解决了。曾经使许多饱学之士百思不解的曲线切线或面积计算问题，一旦学了微积分，即使让普通人做起来也是小菜一碟。有时仅仅读一个小时甚至十几分钟，就能感受到自己智慧和力量的增长。十几分钟之前还是一头雾水，十几分钟之后便豁然开朗。读本套书的第四部分时，这种智慧和力量增长的感觉特别明显。作者把精心选择的巧妙的数学证明，一个接一个地抛出来，让读者反复体验智慧和力量增长的感觉。这里有小题目也有大题目，不管是大题还是小题，解法常能令人拍案叫绝。在解答一个小问题之前作者说："看了这个证明后，你一定会觉得自己笨死了。"能感到自己之前笨，当然是因为智慧增长了！

一种是心灵震撼的感觉。小时候读到棋盘格上放大米的数学故事，就感到震撼，原来 $2^{64}-1$ 是这样大的数！在细细阅读本套书第五部分时，读者可能一次一次地被数学思维的深远宏伟所震撼。一个看似简单的数字染色问题，推理中运用的数字远远超过佛经里的"恒河沙数"，以至于数字仅仅是数字而无实际意义！接下去，数学家考虑的"所有的命题"和"所有的算法"就不再是有穷个对象。而

对于无穷多的对象，数学家依然从容地处理，该是什么就是什么。自然数已经是无穷多了，有没有更大的无穷？开始总会觉得有理数更多。但错了，数学的推理很快证明，密密麻麻的有理数不过和自然数一样多。有理数都是整系数一次方程的根，也许加上整系数二次方程的根，整系数三次方程的根等等，也就是所谓代数数就会比自然数多了吧？这里有大量的无理数呢！结果又错了。代数数看似声势浩大，仍不过和自然数一样多。这时会想所有的无穷都一样多吧，但又错了。简单而巧妙的数学推理得到很多人至今不肯接受的结论：实数比自然数多！这是伟大的德国数学家康托的代表性成果。

说这个结论很多人至今不肯接受是有事实根据的。科学出版社出了一本书，名为《统一无穷理论》，该书作者主张无穷只有一个，不赞成实数比自然数多，希望建立新的关于无穷的理论。他的努力受到一些研究数理哲学的学者的支持，可惜目前还不能自圆其说。我不知道有哪位数学家支持"统一无穷理论"，但反对"实数比自然数多"的数学家历史上是有过的。康托的老师克罗内克激烈地反对康托的理论，以致康托得了终身不愈的精神病。另一位大数学家布劳威尔发展了构造性数学，这种数学中不承认无穷集合，只承认可构造的数学对象。只承认构造性的证明而不承认排中律，也就不承认反证法。而康托证明"实数比自然数多"用的就是反证法。尽管绝大多数的数学家不肯放弃无穷集合概念，也不肯放弃排中律，但布劳威尔的构造性数学也被承认是一个数学分支，并在计算机科学中发挥重要作用。

平心而论，在现实世界确实没有无穷。既没有无穷大也没有无穷小。无穷大和无穷小都是人们智慧的创造物。有了无穷的概念，数学家能够更方便地解决或描述仅仅涉及有穷的问题。数学能够思考无穷，而且能够得出一系列令人信服的结论，这是人类精神的胜利。但是，对无穷的思考、描述和推理，归根结底只能通过语言和文字符号来进行。也就是说，我们关于无穷的思考，归根结底是有穷个符号排列组合所表达出来的规律。这样看，构造数

学即使不承认无穷，也仍然能够研究有关无穷的文字符号，也就能够研究有关无穷的理论。因为有关无穷的理论表达为文字符号之后，也就成为有穷的可构造的对象了。

话说远了，回到本套书。本套书一大特色，是力图把道理说明白。作者总是用自己的语言来阐述数学结论产生的来龙去脉，在关键之处还不忘给出饱含激情的特别提醒。数学的美与数学的严谨是分不开的。数学的真趣在于思考。不少数学科普，甚至国外有些大家的作品，说到较为复杂深刻的数学成果时，常常不肯花力气讲清楚其中的道理，可能认为讲了读者也不会看，是费力不讨好。本套书讲了不少相当深刻的数学工作，其推理过程有时曲折迂回，作者总是不畏艰难，一板一眼地力图说清楚，认真实践古人"诲人不倦"的遗训。这个特点使本套书能够成为不少读者案头床边的常备读物，有空看看，常能有新的思考，有更深的理解和收获。

信笔写来，已经有好几页了。即使读者有兴趣看序言，也该去看书中更有趣的内容并开始思考了吧。就此打住。祝愿作者精益求精，根据读者反映和自己的思考发展不断丰富改进本套书；更希望早日有新作问世。

张昰中

2012 年 4 月 29 日

序二

欣闻《思考的乐趣：Matrix67 数学笔记》即将出版，应作者北大中文系的数学侠客顾森的要求写个序。我非常荣幸也非常高兴做这个命题作业。记得几个月前，与顾森校友及图灵新知丛书的编辑朋友们相聚北大资源楼喝茶谈此书的出版，还谈到书名等细节。没想到图灵的朋友们出手如此之快，策划如此到位。在此也表示敬意。我本人也是图灵新知丛书的粉丝，看过他们好几本书，比如《数学万花筒》《数学那些事儿》《历史上最伟大的 10 个方程》等，都很不错。

我和顾森虽然只有一面之缘，但好几年前就知道并关注他的博客了。他的博客内容丰富、有趣，有很多独到之处。诚如一篇关于他的报道所说，在百度和谷歌的搜索框里输入 matrix，搜索提示栏里排在第一位的并不是那部英文名为 *Matrix*（《黑客帝国》）的著名电影，而是一个名为 matrix67 的个人博客。自 2005 年 6 月开博以来，这个博客始终保持更新，如今已有上千篇博文。在果壳科技的网站里（这也是一个我喜欢看的网站），他的自我介绍也很有意思："数学宅，能背到圆周率小数点后 50 位，会证明圆周率是无理数，理解欧拉公式的意义，知道四维立方体是由 8 个三维立方体组成的，能够把直线上的点和平面上的点一一对应起来。认为生活中的数学无处不在，无时不影响着我们的生活。"

据说，顾森进入北大中文系纯属误打误撞。2006 年，还在念高二的他代表重庆八中参加了第 23 届中国青少年信息学竞赛并拿到银牌，获得了保送北大的机会。选专业时，招生老师傻了眼：他竟然是个文科生。为了专业对口，顾森被送入了中文系，学习应用语言学。

虽然身在文科，他却始终迷恋数学。在他看来，数学似乎无所不能。对于用数学来解释生活，他持有一种近乎偏执的狂热——在他的博客上，油

画、可乐罐、选举制度、打出租车，甚至和女朋友在公园约会，都能与数学建立起看似不可思议却又合情合理的联系。这些题目，在他这套新书里也有充分体现。

近代有很多数学普及家，他们不只对数学有着较深刻的理解，更重要的是对数学有着一种与生俱来的挚爱。他们的努力搭起了数学圈外人和数学圈内事的桥梁。

这里最值得称颂的是马丁·伽德纳，他是公认的趣味数学大师。他为《科学美国人》杂志写趣味数学专栏，一写就是二十多年，同时还写了几十本这方面的书。这些书和专栏影响了好几代人。在美国受过高等教育的人（尤其是搞自然科学的），绝大多数都知道他的大名。许多大数学家、科学家都说过他们是读着伽德纳的专栏走向自己现有专业的。他的许多书被译成各种文字，影响力遍及全世界。有人甚至说他是 20 世纪后半叶在全世界范围内数学界最有影响力的人。对我们这一代中国人来说，他那本被译成《啊哈，灵机一动》的书很有影响力，相信不少人都读过。让人吃惊的是，在数学界如此有影响力的伽德纳竟然不是数学家，他甚至没有修过任何一门大学数学课。他只有本科学历，而且是哲学专业。他从小喜欢趣味数学，喜欢魔术。读大学时本来是想到加州理工去学物理，但听说要先上两年预科，于是决定先到芝加哥大学读两年再说。没想到一去就迷上了哲学，一口气读了四年，拿了个哲学学士。这段读书经历似乎和顾森有些相似之处。

当然，也有很多职业数学家，他们在学术生涯里也不断为数学的传播做着巨大努力。比如英国华威大学的 Ian Stewart。Stewart 是著名数学教育家，一直致力于推动数学知识走通俗易懂的道路。他的书深受广大读者喜爱，包括《数学万花筒》《数学万花筒 2》《上帝掷骰子吗?》《更平坦之地》《给青年数学家的信》《如何切蛋糕》等。

回到顾森的书上。题目都很吸引人，比如"数学之美""几何的大厦""精妙的证明"。特点就是将抽象、枯燥的数学知识，通过创造情景深入浅出地

展现出来，让读者在愉悦中学习数学。比如"概率论教你说谎""找东西背后的概率问题""统计数据的陷阱"等内容，就是利用一些趣味性的话题，一方面可以轻松地消除读者对数学的畏惧感，另一方面又可以把概率和统计的原始思想糅合在这些小段子里。

数学是美丽的。对此有切身体会的陈省身先生在南开的时候曾亲自设计了"数学之美"的挂历，其中12幅画页分别为复数、正多面体、刘徽与祖冲之、圆周率的计算、数学家高斯、圆锥曲线、双螺旋线、国际数学家大会、计算机的发展、分形、麦克斯韦方程和中国剩余定理。这是陈先生心目中的数学之美。我的好朋友刘建亚教授有句名言："欣赏美女需要一定的视力基础，欣赏数学美需要一定的数学基础。"此套书的第二部分"数学之美"就是要通过游戏、图形、数列等浅显概念让有简单数学基础的读者朋友们也能领略到数学之美。

我发现顾森的博客里谈了很多作图问题，这和网上大部分数学博客不同。作图是数学里一个很有意思的部分，历史上有很多相关的难题和故事（最著名的可能是高斯 19 岁时仅用尺规就构造出了正 17 边形的故事）。本套书的第三部分专门讲了"尺规作图问题""单规作图的力量""火柴棒搭成的几何世界""折纸的学问""探索图形剪拼"等，愿意动动手的数学爱好者绝对会感到兴奋。对于作图的乐趣和意义，我想在此引用本人在新浪微博上的一个小段子加以阐述。

学生："咱家有的是钱，画图仪都买得起，为啥作图只能用直尺和圆规，有时还只让用其中的一个？"

老师："上世纪有个中国将军观看学生篮球赛。比赛很激烈，将军却慷慨地说，娃们这么多人抢一个球？发给他们每人一个球开心地玩。"

数学文化微博评论：生活中更有意思的是战胜困难和挑战所赢得的快乐和满足。

　　书的最后一部分命名为"思维的尺度"，"俄罗斯方块可以永无止境地玩下去吗?""比无穷更大的无穷""无以言表的大数""不同维度的对话"等话题一看起来就很有意思，作者试图通过这些有趣的话题使读者享受数学概念间的联系、享受数学的思维方式。陈省身先生临终前不久曾为数学爱好者题词："数学好玩。"事实上顾森的每篇文章都在向读者展示数学确实好玩。数学好玩这个命题不仅对懂得数学奥妙的数学大师成立，对于广大数学爱好者同样成立。

　　见过他本人或看过他的相片的人一定会同意顾森是个美男子，有阳刚之气。很高兴看到这个英俊才子对数学如此热爱。我期待顾森的书在不久的将来会成为畅销书，也期待他有一天会成为马丁·伽德纳这样的趣味数学大师。

汤涛

《数学文化》期刊联合主编

香港浸会大学数学讲座教授

2012.3.5

前言

依然记得在我很小的时候，母亲的一个同事考了我一道题：一个正方形，去掉一个角，还有多少个角？记得当时我想都没想就说："当然是三个角。"然后，我知道了答案其实应该是五个角，于是人生中第一次体会到顿悟的快感。后来我发现，其实在某些极端情况下，答案也有可能是四个角或者三个角。我由衷地体会到了思考的乐趣。

从那时起，我就疯狂地爱上了数学，为一个个漂亮的数学定理和巧妙的数学趣题而倾倒。我喜欢把我搜集到的东西和我的朋友们分享，将那些恍然大悟的瞬间继续传递下去。

2005 年，博客逐渐兴起，我终于找到了一个记录趣味数学点滴的完美工具。2005 年 7 月，我在 MSN 上开办了自己的博客，后来几经辗转，最终发展成了一个独立网站 http://www.matrix67.

com。几年下来，博客里已经累积了上千篇文章，订阅人数也增长到了五位数。

在博客写作的过程中，我认识了很多志同道合的朋友。2011 年初，我有幸认识了图灵公司的朋友。在众人的鼓励下，我决定把我这些年积累的数学话题整理成册，与更多的人一同分享。我从博客里精心挑选了一系列初等而有趣的文章，经过大量的添删和修改，有机地组织成了五个相对独立的部分。如果你是刚刚体会到数学之美的中学生，这书会带你进入一个课本之外的数学花园；如果你是奋战在技术行业前线的工程师，这书或许能不断给你带来新的灵感；如果你并不那么喜欢数学，这书或许会逐渐改变你的看法……不管怎样，这书都会陪你走过一段难忘的数学之旅。

在此，特别感谢张晓芳为本套书手绘了很多可爱的插画，这些插画让本套书更加生动、活泼。感谢明永玲编辑、杨海玲编辑、朱巍编辑以及图灵公司所有朋友的辛勤工作。同时，感谢张景中院士和汤涛教授给我的鼓励、支持和帮助，也感谢他们为本套书倾情作序。

在写作这书时，我在 Wikipedia（http://www.wikipedia.org）、MathWorld（http://mathworld. wolfram. com）和 CutTheKnot（http://www.cut-the-knot.org）上找到了很多有用的资料。文章中很多复杂的插图都是由 Mathematica 和 GeoGebra 生成的，其余图片则都是由 Paint. NET 进行编辑的。这些网站和软件也都非常棒，在这里也表示感谢。

目录

1. 尺规作图问题 /003

2. 单规作图的力量 /026

3. 锈规作图也疯狂 /039

4. 火柴棒搭成的几何世界 /046

5. 折纸的学问 /061

6. 万能的连杆系统 /073

7. 探索图形剪拼 /084

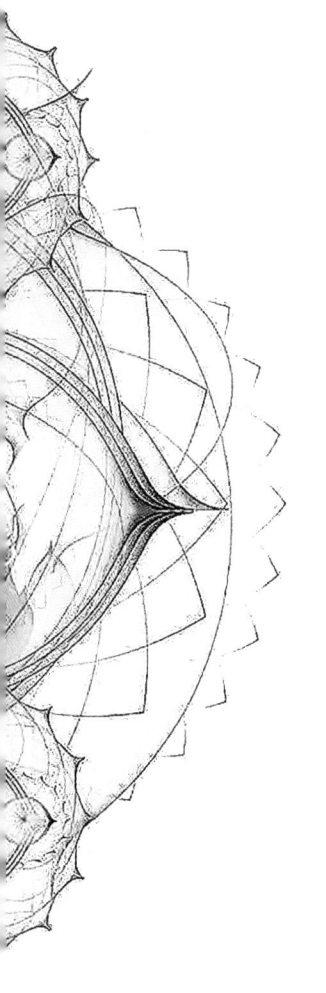

从灵机一动的想法开始，一点一点搭起整座大厦，最后竟能得出如此震撼的结论！

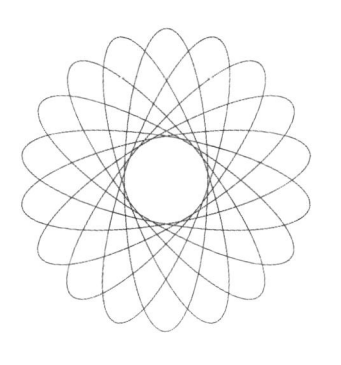

1. 尺规作图问题

　　有时候，比证明一个几何问题更有意思的，是怎样精确地把这个几何图形画出来。用尽可能简单的工具作出尽可能丰富的几何图形，无疑是一个非常吸引人的研究课题。事实上，从古希腊时代开始，人们就在研究几何作图，至今已经有 2000 多年的历史了。古希腊的数学家们敏锐地察觉到，直线和圆是最基本、最可信、亘古不变的几何概念，因而他们立下了一个规矩：几何作图只能使用直尺和圆规。这种选择很大程度上决定了其后平面几何研究的走向。平面几何理论的第一个框架是欧几里得的《几何原本》，其中有很多命题都是在讲如何作图。《几何原本》的第一个命题就是一个作图问题，即如何作一个等边三角形。

以已知线段 AB 为边，作一个等边三角形（见图 1）。

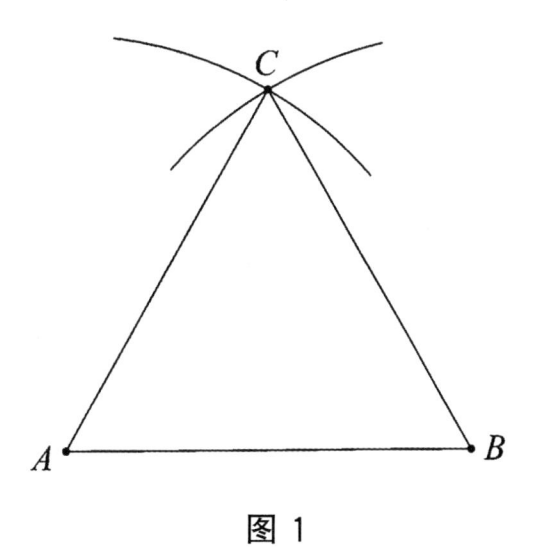

图1

以 A 为圆心，AB 为半径作一条弧。显然，这条弧上的所有点到 A 的距离都等于 AB 的长。以 B 为圆心，AB 为半径再作一条弧。显然，这条弧上的所有点到 B 的距离都等于 AB 的长。那么，这两条弧的交点 C 就满足 $AC = BC = AB$，它就是等边三角形的第三个顶点。再用直尺把 AC、BC 连接起来，等边三角形就作好了。

关于尺规作图的概念，有两点值得大家注意。首先，直尺并不是普通的直尺——可能大家都知道——它是一条没有刻度的直尺。你不能用它测量已知线段的长度，更不能用刻度尺直接量出已知线段的中点在哪里。

另外，圆规也不是普通的圆规——这个估计就很少有人知道了——它是一个"松"了的圆规，只有作圆时才能固定张角，一旦离开纸面两脚便会"啪"的一声自动合拢。换句话说，在尺规作图问题中，圆规不能用来转移长度，只能作出以一点为圆心，以该点到另一点的距离为半径的圆。

不过，有没有这个限制关系并不大，因为《几何原本》的第二个命题就保证了松圆规也能当作普通圆规用。

以已知点 A 为圆心，以已知线段 BC 的长度为半径作圆（见图 2）。

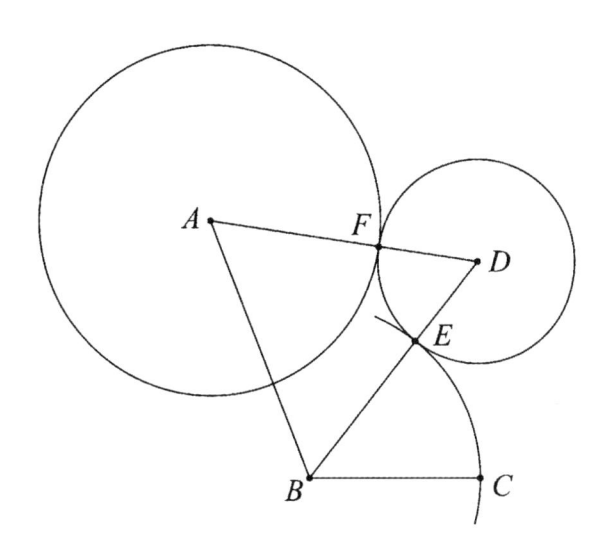

图 2

　　首先，利用前面的方法，作出等边三角形 ABD。然后，以 B 为圆心，BC 为半径作弧，交 BD 于 E；再以 D 为圆心，DE 为半径作弧，交 AD 于 F。由于 $AD=BD$，并且 $DF=DE$，因此 $AF=BE$；而 BE 又等于 BC，因此 AF 就等于 BC。现在，我们只需要以 A 为圆心，AF 为半径作圆就可以了。

　　每次需要用圆规转移线段长度时，我们都可以用上面这一招。这样一来，圆规就有用多了。

　　让我们先来看看，尺规作图是如何完成一些最基本的几何构造的。

作已知角的角平分线（见图 3）。

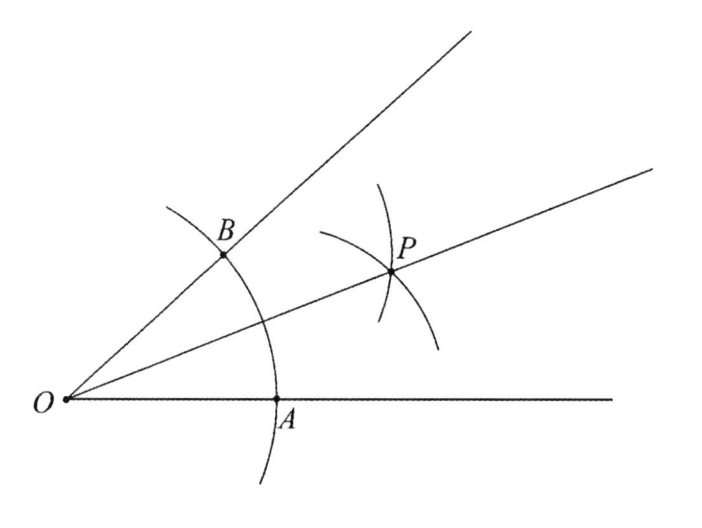

图 3

以 O 为圆心，任意长度为半径作圆，与角的两边分别交于 A、B 两点。再以任意长度为半径，分别以 A、B 两点为圆心作圆弧，两圆弧交于点 P。可以证明，△OBP 和△OAP 是全等的，因而 OP 就是这个角的角平分线。

作垂直平分线的方法则更加简单。

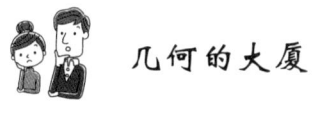

作已知线段 AB 的垂直平分线（见图4）。

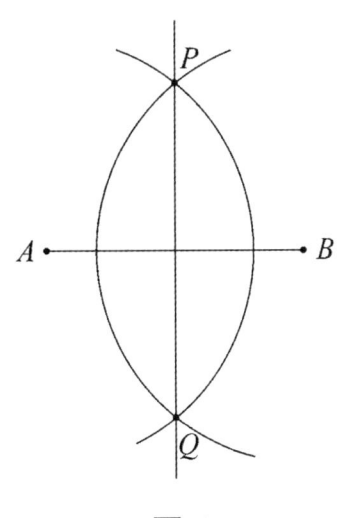

图4

以适当长度为半径，分别以 A、B 两点为圆心作圆，两圆交于 P、Q 两点。由对称性，PQ 的连线就是线段 AB 的垂直平分线。注意，在作圆时，半径不能取得太短，否则两圆有可能没有交点。因此，我们用"适当长度"一词代替了"任意长度"。当然，更简便的做法是，直接取 AB 为半径长。

注意，这条垂直平分线与线段 AB 的交点，正是 AB 的中点。因此，我们也就有了尺规作图找出已知线段中点的办法。利用垂直平分线的作法，我们还可以完成下面这个操作。

过已知点 A 作已知直线的垂线（见图5）。

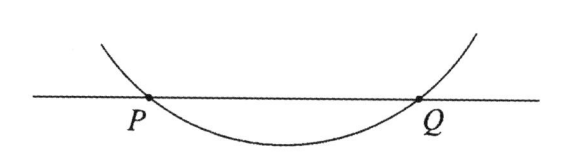

图5

以 A 为圆心，以适当长度为半径作圆，与已知直线交于 P、Q 两点。然后，只需要套用刚才的方法，作出 PQ 的垂直平分线即可。在这里，取"适当长度"也是为了保证圆与直线有交点。

如果 A 恰好在直线上，上面的方法同样适用。

这又解决了下面这个问题：

过已知点 A 作已知直线的平行线（见图6）。

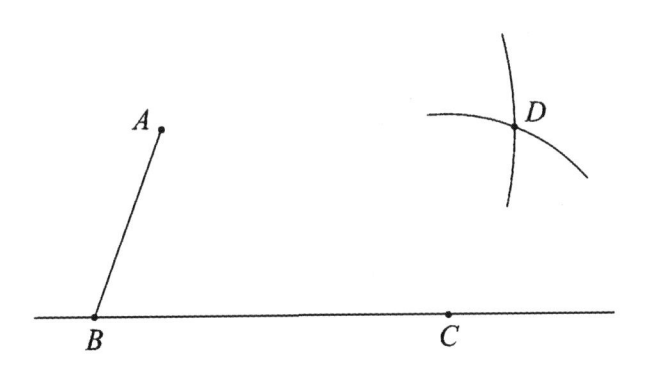

图 6

我们可以利用上面的方法，先过 A 点作已知直线的垂线，再过 A 点作这条垂线的垂线。

这里还有一个更巧妙的方法：在已知直线上任取两点 B、C，然后以 A 为圆心 BC 为半径作弧，再以 C 为圆心 AB 为半径作弧，把两条圆弧的交点记作 D。由于 $AD=BC$，$AB=CD$，因此四边形 $ABCD$ 是平行四边形，所以 AD 就是 BC 的平行线。

下面是一个看上去更加困难的问题。

过已知点 A 作已知圆 O 的切线（见图7）。

先作出 OA 的中点 M。然后，以 M 为圆心，

以 OM 为半径作圆弧，与圆 O 交于点 P。AP 就是圆 O 的切线。这是因为，AO 是圆 M 的直径，因此 $\angle APO=90°$，这说明 AP 垂直于圆 O 的半径，也就说明了 AP 是圆 O 的切线。

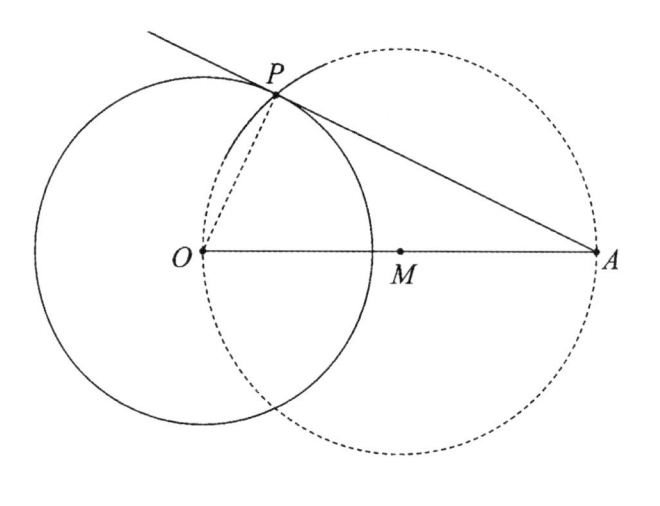

图 7

当然，我们还有很多看上去更加困难的问题，其中最经典、最困难的作图问题可能要数阿波罗尼斯（Apollonius）问题了：作出一个圆，使得它与三个已知圆都相切（见图 8）。

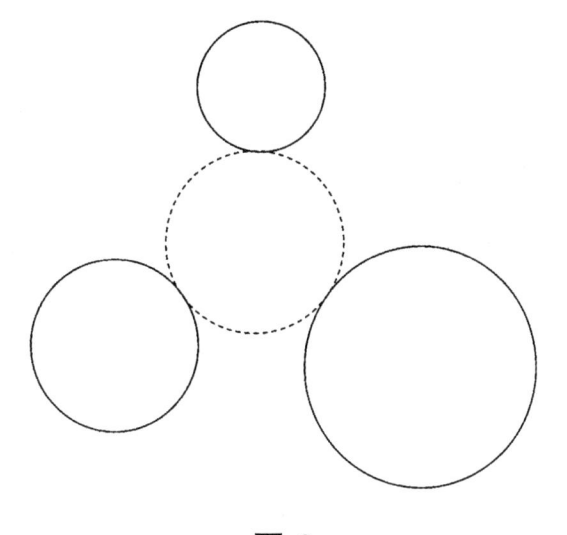

图 8

　　这个问题是古希腊数学家阿波罗尼斯提出并解决的，只不过他的解决方法已经失传了。16 世纪末，有数学家曾利用圆锥曲线的交点找到了阿波罗尼斯问题的解法，不过这并不算尺规作图的方法。1600 年，法国数学家弗朗索瓦·韦达（François Viète）给出了一个真正的尺规作图方案，才让阿波罗尼斯问题终于有了一个令人满意的答案。据推测，弗朗索瓦·韦达给出的方法很可能就是当年阿波罗尼斯自己的方法。到现在，人们用代数、反演等不同的方法，已经找到了阿波罗尼斯问题的好几种更加漂亮的解法。看来，阿波罗尼斯问题也不是一个大问题了。

然而，一些看起来并不困难的几何构造，却怎么也没法用直尺和圆规作出来。古希腊人总结了三个真正的几何作图难题。

化圆为方：作出一个正方形，使得其面积和已知圆相等。

倍立方体：作出一个立方体，使得其体积是已知立方体的两倍。

三等分角：将任意一个已知角三等分。

注意，在平面几何中，我们显然是画不出立方体的。因此，在第二个问题中，我们已知的和要作的其实是立方体的棱长罢了。因此，第二个问题也就可以理解为，作出一条线段，使其长度是已知线段的 $\sqrt[3]{2}$ 倍。如果把已知线段看作单位长的线段的话，问题可以进一步简化为，作一条长为 $\sqrt[3]{2}$ 的线段。

1837 年，法国数学家皮埃尔·旺策尔（Pierre Wantzel）证明了一个惊人的结论：倍立方体永远不可能用尺规作图完成，换句话说只用直尺和圆规永远也不能作出长为 $\sqrt[3]{2}$ 的线段来。为了解释尺规作图为什么无法作出 $\sqrt[3]{2}$，我们先来看看尺规作图能够作出些什么。

首先，很容易想到，给定一条单位长的线段后，我们就能作出长度为任意正整数的线段来。

将已知线段 AB 延长到原来的 2 倍、3 倍、4 倍……（见图 9）。

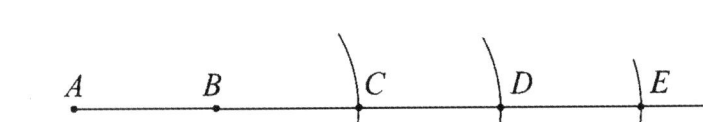

图 9

先用直尺延长 AB，然后以 B 为圆心 AB 为半径画弧，与直线交于点 C；再以 C 为圆心 AB 为半径画弧，与直线交于点 D……如此重复下去，我们便能得到长度为任意正整数的线段。

我们能把任意线段延长到原来的 n 倍，那有办法把它缩小到原来的 $\dfrac{1}{n}$ 吗？有！

将已知线段 AB 进行 n 等分（见图 10）。

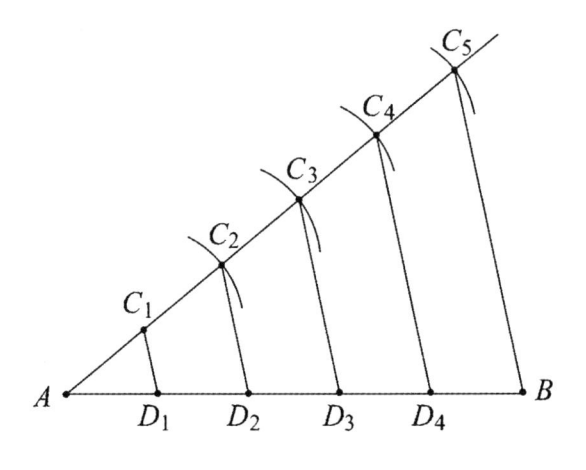

图 10

以 A 为端点，向任意方向作任意长度的线段 AC_1。然后，利用上面的方法，将 AC_1 延长到 2 倍、3 倍、4 倍……依次得到 C_2，C_3，…，C_n。然后，把 C_n 与 B 相连，过 C_1，C_2，…，C_{n-1} 分别作 C_nB 的平行线，与 AB 分别交于 D_1，D_2，…，D_{n-1}。显然，这些点就是线段 AB 的 n 等分点（图 10 演示的是 $n=5$ 的情形）。

这样一来，把单位线段先扩大到原来的 n 倍，

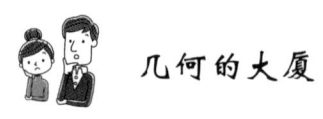

再缩小到 $\dfrac{1}{m}$，就能得到长为 $\dfrac{n}{m}$ 的线段，从而便可以作出长度为任意有理数的线段了。

　　不但如此，我们还可以利用直尺和圆规，完成数与数之间的运算。下面就是把两个线段的长度加在一块儿的方法。

　　已知线段 AB 的长度为 a，线段 CD 的长度为 b，作一条长度为 $a+b$ 的线段（见图 11）。

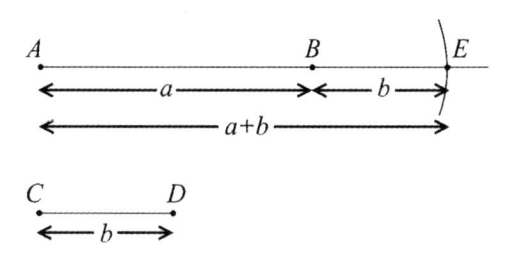

图 11

　　延长 AB，然后以 B 为圆心 CD 为半径作圆，与 AB 的延长线交于点 E（更常见的说法则是，在 AB 的延长线上截取 $BE=CD$）。AE 的长度就是 $a+b$。

类似地，我们也能用尺规作图实现两数相减（见图 12）。

　　已知线段 AB 的长度为 a，线段 CD 的长度为 b，作一条长度为 $a-b$ 的线段（假设 $a>b$）。

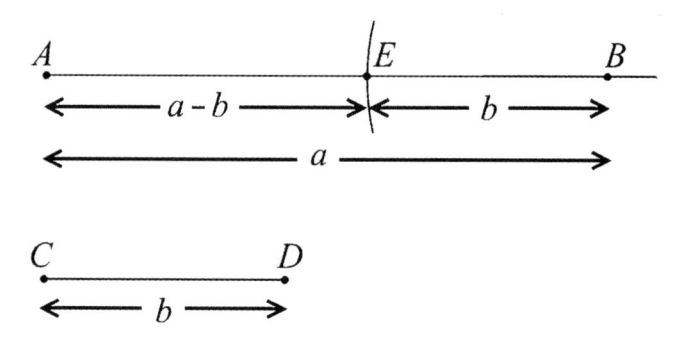

图 12

　　类似地，直接在线段 AB 内截取 $BE=CD$，则 AE 就等于 $a-b$。

　　下一个问题就比较有挑战性了：尺规作图能实现两数相乘吗？答案仍然是肯定的。不过，我们需要假设已经事先给定了一条单位长的线段。否则，我们无法确定已知线段所表示的长度值，它们的乘积也就没有意义了。

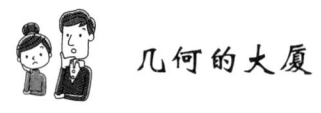

已知线段 AB 的长度为 a，线段 CD 的长度为 b，作一条长度为 $a \cdot b$ 的线段（见图 13）。

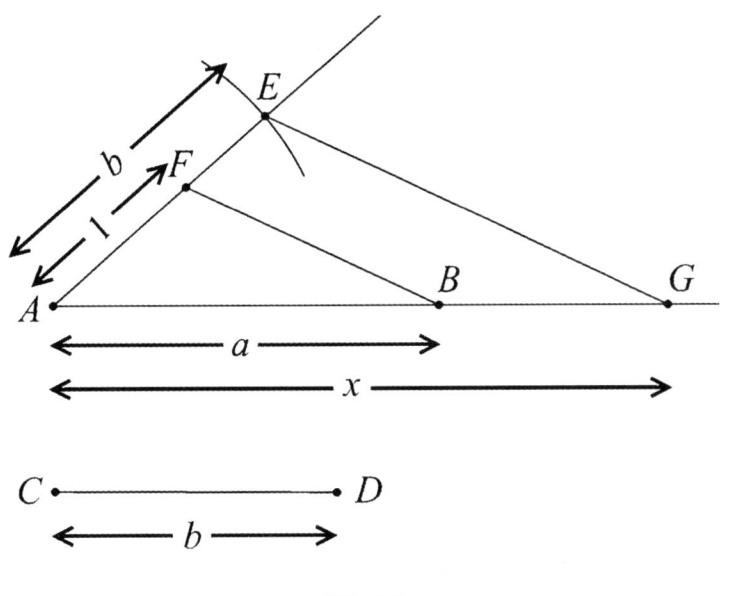

图 13

以 A 为端点，向任意方向作射线。用圆规在这条射线上截取 $AE = CD$，截取 $AF = 1$。过 E 作 FB 的平行线，与 AB 的延长线交于点 G。如果把 AG 的长度记作 x，注意到图中大小两个三角形相似，则有 $a : x = 1 : b$，于是 $x = a \cdot b$。

图 13 所示的是 $b \geqslant 1$ 的情况。当 $b < 1$ 时，这种方法仍然适用。

同理，我们也可以用尺规作图做除法。

已知线段 AB 的长度为 a，线段 CD 的长度为 b，作一条长度为 $\dfrac{a}{b}$ 的线段（见图 14）。

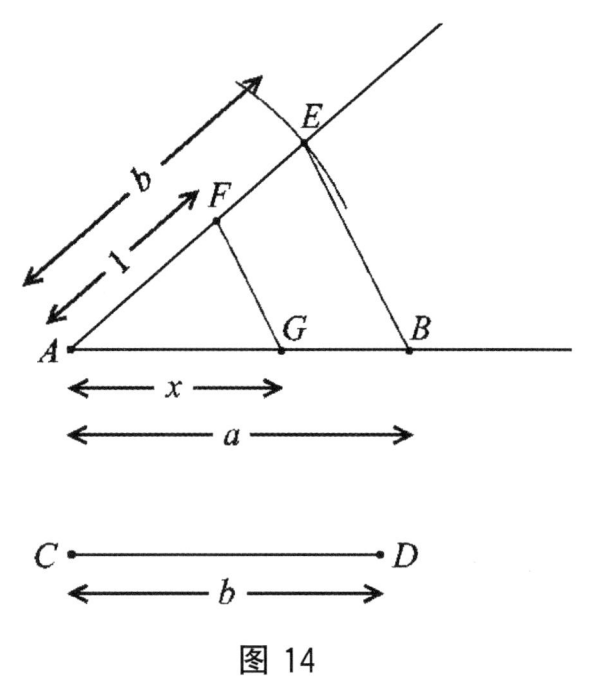

图 14

以 A 为端点，向任意方向作射线。用圆规在这条射线上截取 $AE=CD$，截取 $AF=1$。过 F 作 EB 的平行线，与 AB 交于点 G。如果把 AG 的长度记作 x，注意到图中大小两个三角形相似，则有 $x:a=1:b$，于是 $x=\dfrac{a}{b}$。

同样地，图 14 所示的是 $b \geqslant 1$ 的情况，事实上这种方法对 $b < 1$ 的情况也是成立的。

现在，加减乘除四则运算都能用尺规作图完成了。那么，尺规作图能开平方吗？没有问题！

已知线段 AB 的长度为 a，作一条长度为 $\sqrt{a}$ 的线段（见图 15）。

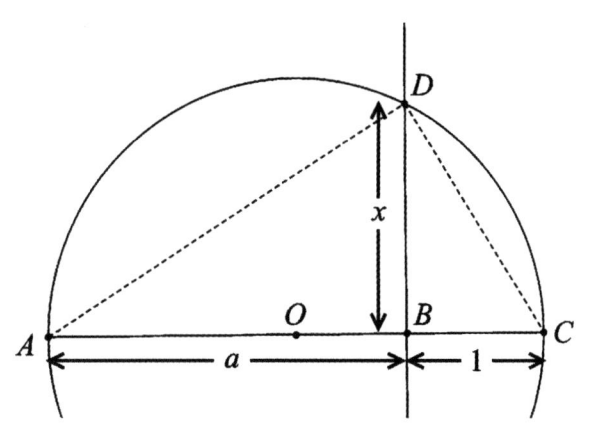

图 15

在 AB 的延长线上截取 $BC = 1$。找出 AC 的中点 O。以 O 为圆心，OA 为半径作圆。过 B 作 AC 的垂线，与圆交于点 D。由于直径所对的圆周角是 $90°$，所以 $\angle ADC = 90°$；再加上 BD 垂直于 AC，容易看出 △ABD 与 △DBC 相似。如果把 BD 的长

度记作 x，则 $a:x=x:1$，也就是 $x=\sqrt{a}$。

到此为止，我们已经可以作出所有的有理数，可以对它们进行加减乘除和开平方运算，当然还可以对所得结果继续加减乘除，继续开平方。我们通常把从全体有理数出发，通过有限次加减乘除和开方运算可以得到的数都叫做"可构造数"（constructible number），意即它们可以用尺规作图构造出来。2、$\dfrac{2}{3}$、$\sqrt{2}$、$\sqrt{\dfrac{2}{3}}$、$\sqrt{2}+\sqrt{\dfrac{2}{3}}$、$\sqrt{2}+\sqrt{\dfrac{2}{3}}-1$、

$\sqrt{\sqrt{2}+\sqrt{\dfrac{2}{3}}-1}$ …… 这些数都是可构造数。

然而，尺规作图的极限也就到这里了。只用直尺和圆规，我们再也无法作出除了可构造数以外的其他数了。这是因为，在平面直角坐标系中，经过 (a_1, b_1) 和 (a_2, b_2) 两点的直线的方程是 $(b_1-b_2)x+(a_2-a_1)y+(a_1b_2-a_2b_1)=0$，以 (a_1, b_1) 为圆心且经过点 (a_2, b_2) 的圆的方程则是 $(x-a_1)^2+(y-b_1)^2=(a_2-a_1)^2+(b_2-b_1)^2$，

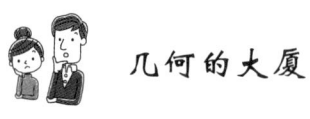

这些方程的系数都是对已有点的坐标进行加减乘除运算得来的；而两个直线方程的公共解、两个圆的方程的公共解、一个直线方程和一个圆的方程的公共解，都能通过消元化简为一元一次方程或者一元二次方程，它们的解都可以用方程各系数之间的加减乘除和开方运算表示出来。一开始，我们只有一条单位长的线段，或者说只有（0，0）和（1，0）两个点。在此之后，不管怎么作图，产生的新交点的坐标始终都是已有点坐标通过四则运算和开方运算得到的，永远跳不出可构造数的圈子。既然每个点的坐标都是可构造数，而 (a_1,b_1)、(a_2,b_2) 两点间的距离公式是 $\sqrt{(a_1-a_2)^2+(b_1-b_2)^2}$，可见所有的距离值也都在可构造数的范围内。

尺规作图中偶尔会有"取任意点""取任意长度"的步骤（我们之前已经见过这样的例子了），此时我们也可以假定这些"任意点"的坐标以及"任意线段"的长度都是有理数。如果点或者长度真的是任意取的，这个假设也不会对作图过程带来任何影响。因而，在尺规作图中引入"任意"元素也不会让上面的证明失效。

但是，$\sqrt[3]{2}$ 不能表示成可构造数，这就证明了倍立方体是无法用尺规作图完成的。

皮埃尔·旺策尔所做的不仅仅是证明了倍立方体的不可能性，他还从尺规作图中最基本的元素出发，探索了一切可以用尺规作图构造的图形，建立了可构造数的理论，一举解决了数个尺规作图不可能性问题，倍立方体只是其中之一。

借助可构造数理论，三等分角的不可能性也很快得证。如图 16 所示，三等分已知角，本质上相当于已知 $\cos\theta$，求作 $\cos\left(\dfrac{\theta}{3}\right)$。利用三角函数我们可以推出，$\cos\theta = 4\cos^3\left(\dfrac{\theta}{3}\right) - 3\cos\left(\dfrac{\theta}{3}\right)$，因而三等分角相当于解这么一个三次方程，一般情况下是不能用尺规作图完成的。

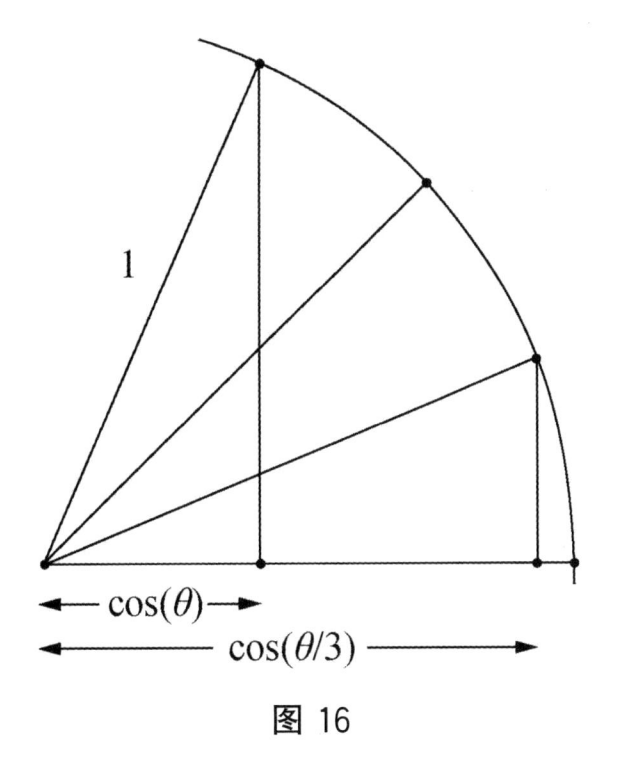

图 16

化圆为方本质上则相当于作出长为 $\sqrt{\pi}$ 的线段。1882 年，德国数学家林德曼（Ferdinand von Lindemann）证明了 π 是一个超越数（即它不是任何一个整系数多项式方程的解），给化圆为方也判了死刑。至此，古希腊三大几何作图难题的不可能性都被证明了。

不知道大家是否想过，如果当初古希腊人并没提出尺规作图，而是选用了别的作图工具，今天的几何学又会怎样呢？哪些原本简单的几何构造变得异常难以完成，哪些原本作不出的图形却可以轻而易举地画出来？换一块基石，重新搭建几何作图的大厦，无疑是一件激动人心的事情。

2. 单规作图的力量

其实，早在可构造数理论提出之前，就已经有人开始研究其他的作图工具了。1672 年，丹麦数学家乔治·莫尔（Georg Mohr）找到了一种只用圆规就能完成尺规作图各项基本操作的方法，从而证明了这样一个惊人的事实：一切用尺规作图能够办到的事情，只用圆规也能办到。换句话说，尺规作图完全等价于单规作图。有趣的是，1797 年，意大利数学家洛伦佐·马歇罗尼（Lorenzo Mascheroni）也独自发现了这个结论，因而这个结论被称为莫尔－马歇罗尼定理。

当然，有一件事是单规作图永远不可能办到的——只用圆规是没法画出直线的。不过，只要确定了直线上的两点，即使不画出这条直线来，这条直线的位置也已经确定了。倘若你能做到"眼中无线，心中有线"，单规作不了直线也不会带来什么障碍。而我们用直尺画直线的真正目的，其实是为了找出直线与其他线条的交点。如果不画出实际的直线，仅凭圆规就能找出这些交点的话，直尺也就没有用了。因此，为了证明单规作图可以完全代替尺规作图，我们只需要给出以下两个问题的单规作图方法。

（1）已知 A、B 两点和圆 O，作出 A、B 所在直线与圆 O 的交点（如果有的话）（见图1）。

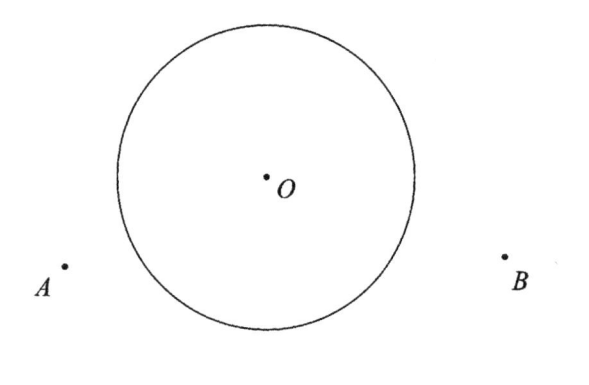

图 1

（2）已知 A、B 两点和 C、D 两点，作出 A、B 所在直线和 C、D 所在直线的交点（见图2）。

$\cdot C$

$\cdot A$　　　　　　　　　　$\cdot B$

$\cdot D$

图 2

不过，要想"隔空"找出交点似乎并不是一件容易的事。下面，我们将从一些简单的问题出发，一步步探索单规作图的能力。先来看一个最基本的操作。

将线段 AB 延长到原来的 2 倍、3 倍、4 倍……（见图 3）。

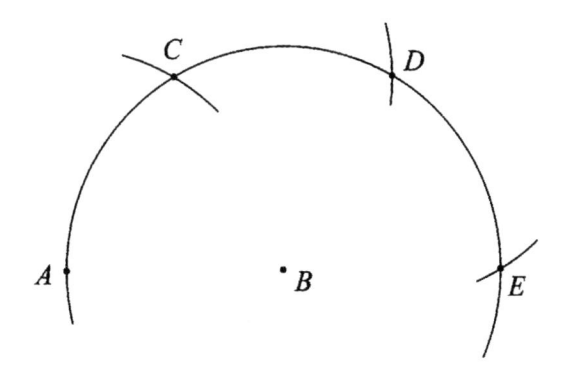

图 3

先以 B 为圆心，以 AB 为半径作圆。然后从 A 点出发，以 AB 为半径，在刚才所作的圆上连续截取 AC、CD、DE。由于 $\triangle ABC$、$\triangle BCD$、$\triangle BDE$ 都是等边三角形，易知 A、B、E 三点在一条直线上，且 AE 的长度等于 AB 的两倍。重复此操作，便能将 AB 延长到任意整数倍的长度。

稍后，我们将在一个出人意料的地方用到上面这个操作。下面我们继续来看单规作图能够实现的另一项简单操作。

已知 A、B 两点以及点 C，作出点 C 关于 A、B 所在直线的对称点（见图 4）。

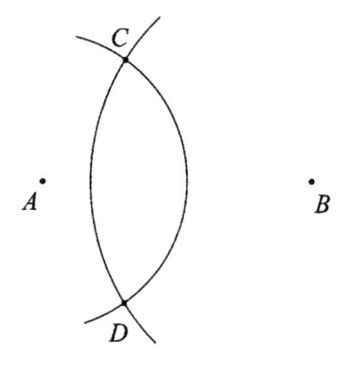

图 4

很简单，先以 A 为圆心，AC 为半径画弧，再以 B 为圆心，BC 为半径画弧，两弧的另一交点 D 即为所求。

学到了这一招后，我们立即有了求出直线与圆的交点的办法。

已知 A、B 两点以及圆 O，作出 A、B 所在直线和圆 O 的交点（见图 5）。

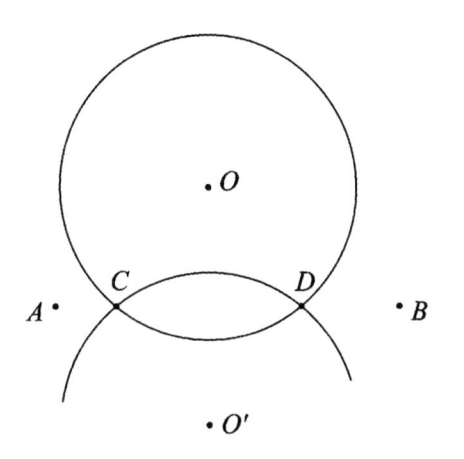

图 5

我们可以先作出 O 关于 AB 的对称点 O'，然后以 O' 为圆心，取圆 O 的半径为半径画弧，这条弧与圆 O 的交点 C、D 即为所求。如果这条弧与圆

O 不相交，那么 A、B 所在直线与圆 O 没有交点。

不过，上述方案有一个致命的缺陷：如果直线 AB 恰好经过圆心 O，这个方法就不能用了！看来，找出直线和圆的交点，依然没被完美解决。为了处理圆心正好在已知直线上的特殊情形，我们还得想想别的办法。

我们把这件事暂时放在一边，看看单规作图还能作些什么。

已知 A、B、C 三点，作出点 D，使得 $ABCD$ 是一个平行四边形（见图 6）。

$$A\cdot \qquad\qquad \begin{array}{c} D \\ \end{array}$$

$$B\cdot \qquad\qquad \cdot C$$

图 6

以 A 为圆心，BC 为半径作圆；再以 C 为圆心，AB 为半径作圆。两圆的交点 D 将同时满足 $AD = BC$ 以及 $AB = CD$，因而四边形 $ABCD$ 是平

行四边形。

构造平行四边形给我们提供了很多有利的工具。我们可以借此完成下面这个重要的操作。

已知圆 O 和圆周上两点 A、B，作出弧 AB 的中点（见图 7）。

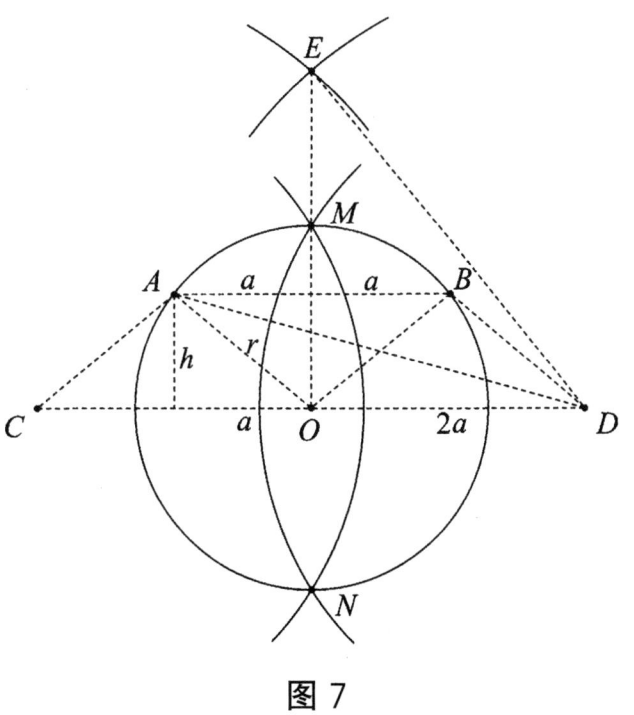

图 7

先作出平行四边形 $ABOC$ 和 $BAOD$。以 C 为圆心，CB 为半径作弧；以 D 为圆心，DA 为半径作弧，两弧交于点 E。最后，以 OE 作为半径，分

别以 C、D 为圆心画圆弧，两弧交于 M、N 两点。下面我们证明，M、N 就是劣弧 AB 和优弧 AB 的中点。

由对称性，E、M、O 显然都在线段 AB 的垂直平分线上。如果 M 正好落在圆 O 上，它就一定是弧 AB 的中点。因此，如果把圆 O 的半径记作 r，为了说明 M 点是弧 AB 的中点，我们只需要说明 $OM = r$ 即可。

不妨把 AB 的长度记作 $2a$，把点 A 到 CD 的距离记作 h。由勾股定理可知，$a^2 + h^2 = r^2$。另外，由勾股定理还可以得到，$AD^2 = (3a)^2 + h^2 = 9a^2 + h^2$。而 DE 是等于 AD 的，因此 DE^2 也等于 $9a^2 + h^2$。于是，$OE^2 = DE^2 - OD^2 = 9a^2 + h^2 - 4a^2 = 5a^2 + h^2$。而 DM 是等于 OE 的，因此 DM^2 也等于 $5a^2 + h^2$。因而 $OM^2 = DM^2 - OD^2 = 5a^2 + h^2 - 4a^2 = a^2 + h^2 = r^2$，说明 OM 就等于 r，这样便可得知 M 是劣弧 AB 的中点。

再由对称性可知，N 也就是优弧 AB 的中点。

有了单规平分弧的方法，我们也就能够求出特殊情况下直线和圆的交点了。

已知 A、B 两点以及圆 O，假设 A、B 所在直线正好经过圆心 O，作出 A、B 所在直线和圆 O 的交点（见图 8）。

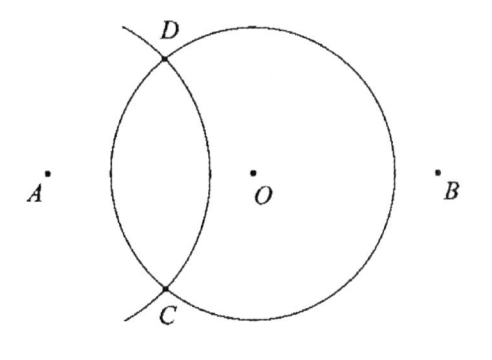

图 8

以 A 为圆心，适当长度为半径作圆，与已知圆 O 交于 C、D 两点。我们只需要利用刚才的办法，找出劣弧 CD 和优弧 CD 的中点即可。

这下，求出直线与圆的交点这一问题，就被我们彻底地解决了。我们的任务已经完成了一半。

为了求出直线与直线的交点，我们还需要做下面的准备工作。

　　已知长度分别为 a、b、c 的三条线段，求作一条长度为 d 的线段，使得 $a：b = c：d$。当然，单规作图是画不了线段的，已知的和求作的都仅仅是线段的两个端点（见图 9）。

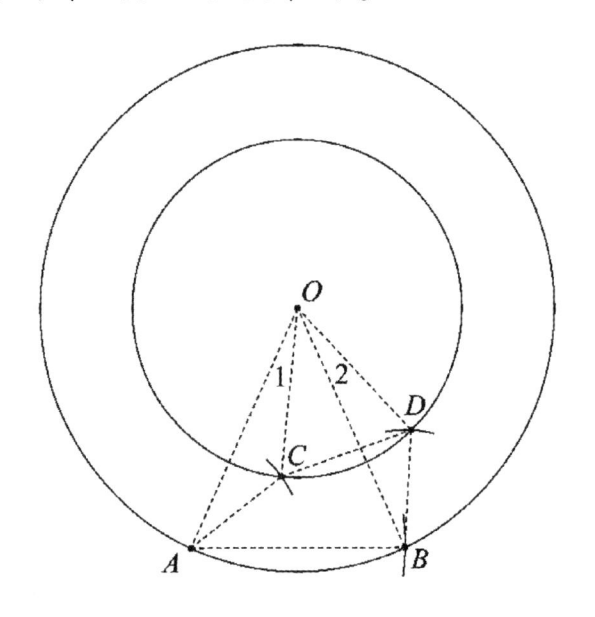

图 9

　　先考虑 $a > b$ 的情况。首先，以任意一点 O 为圆心，分别以 a、b 为半径作同心圆。在大圆上任取一点 A。以 A 为圆心，c 为半径画弧，与大圆交于点 B。因而，线段 AB 的长度就是 c。现在，以

适当长度为半径，分别以 A、B 为圆心作圆弧，与小圆分别交于 C、D 两点。因而，线段 AC 和线段 BD 的长度是相等的。我们下面将证明，CD 就是我们要求的线段。

注意到 $\triangle ACO$ 和 $\triangle BDO$ 的三条边都对应相等，因而它们全等，于是 $\angle 1 = \angle 2$。由此可知，$\angle AOB = \angle COD$。也就是说，$\triangle AOB$ 和 $\triangle COD$ 是顶角相等的两个等腰三角形，它们显然是相似的。这就告诉我们，$AO : CO = AB : CD$，因此 CD 就是我们要求的线段。

如果 $a < b$，类似地，我们就在小圆上作 $AB = c$，在大圆上截得 $AC = BD$。根据同样的道理，CD 就是我们要求的线段。

不过，这里还有一个问题。在上述过程中，我们做了一个假设：在半径为 a 的圆中，我们能找到一条长度为 c 的弦 AB。但若 a 太小，c 太大的话，这样的弦可能就不存在了。稍作分析便可知道，只要 $c > 2a$，我们永远也无法在圆上截出线段 AB 来。这该怎么办呢？此时，最早提到的"把线段延长整数倍"那一招就派上用场了。我们把线段 a 延长到一个足够大的倍数，比如 $n \cdot a$。然后用上面的方法作出满足（na）：$b = c : d$ 的线段 d。再把线段 d 也延长到 n 倍，就得到了我们本来要求的线段。

激动人心的时刻到了。我们即将完成莫尔－马歇罗尼定理的整个证明过程的最后一环。

已知 A、B 两点和 C、D 两点，作出 A、B 所在直线和 C、D 所在直线的交点（见图 10）。

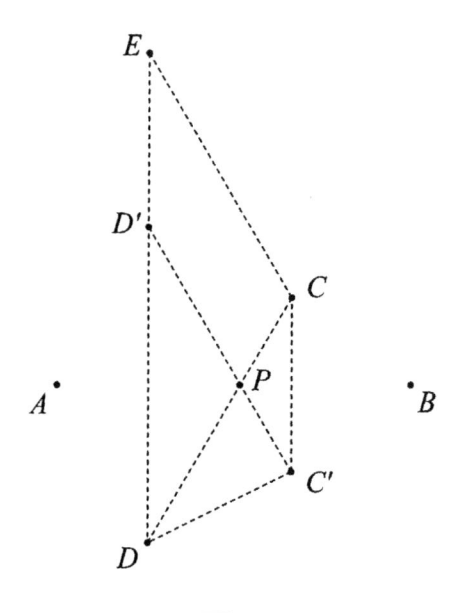

图 10

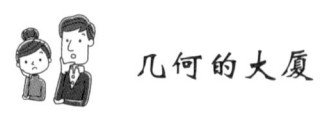

首先，作出 C 点关于直线 AB 的对称点 C'，以及 D 点关于直线 AB 的对称点 D'。我们要作的其实也就是 CD 和 $C'D'$ 的交点。不妨把这个点记作点 P。只有圆规，没有直尺，怎样作出点 P 呢？注意到，D 和 D' 到点 P 的距离是相等的，如果我们能作出一条长度等于 DP 的线段，便能以此长度为半径，分别以 D、D' 为圆心作圆弧，两圆弧的交点就是点 P 了。上哪儿找一条长度等于 DP 的线段呢？注意到 CC' 和 DD' 是互相平行的（因为它们都垂直于 AB），如果作出平行四边形 $CC'D'E$，那么 E 点将正好落在直线 DD' 上，并且 $\triangle DEC$ 与 $\triangle DD'P$ 相似。于是，$DE：DC=DD'：DP$，其中 DE、DC、DD' 的长度都是已知的，我们就可以套用刚才的方法作出长度为 DP 的线段。以这个长度为半径，分别以 D、D' 为圆心作圆弧，两圆弧的交点便是所求的点 P 了。

这样一来，我们仅用一个圆规就能"模拟"尺规作图的所有基本操作，单规作图的能力也就与尺规作图一样了。

3. 锈规作图也疯狂

还能有比单规作图更疯狂的吗？有！

现在，让我们来考虑一种更坏的情况：假设我们不但没有直尺，而且连圆规也是坏的——这是一把生锈的圆规，两只脚已经被卡住了，只能画出单位半径的圆。在这样的条件下，哪些作图问题仍然能够被解决？

锈规作图相当困难，但并不是完全没有可能的。数学教授丹·佩多（Dan Pedoe）的一名学生惊奇地发现，给定两个点 A 和 B，如果它们的距离小于 2，我们可以非常简单地作出点 C，使得 $AC = BC = AB$（即 $\triangle ABC$ 为等边三角形）。

如图 1，先以 A、B 为圆心分别作圆。由于它们之间的距离小于 2，因此两圆必然相交。以其中一个交点 P 为圆心作圆，分别交圆 A、圆 B 于点

M、N。最后，再分别以点 M、N 为圆心作圆，则圆 M 和圆 N 的交点即为所求点 C。由对称性，△CAB 一定是一个等腰三角形。另外，由对称性可知 ∠ACB = 2∠BCP，而在圆 N 中，圆周角 ∠BCP 的度数又是圆心角 ∠BNP 的一半。因此，∠ACB 正好等于 ∠BNP。由于 △BNP 是等边三角形，我们可以立即得到 ∠ACB = ∠BNP = 60°，△ABC 也是一个等边三角形。

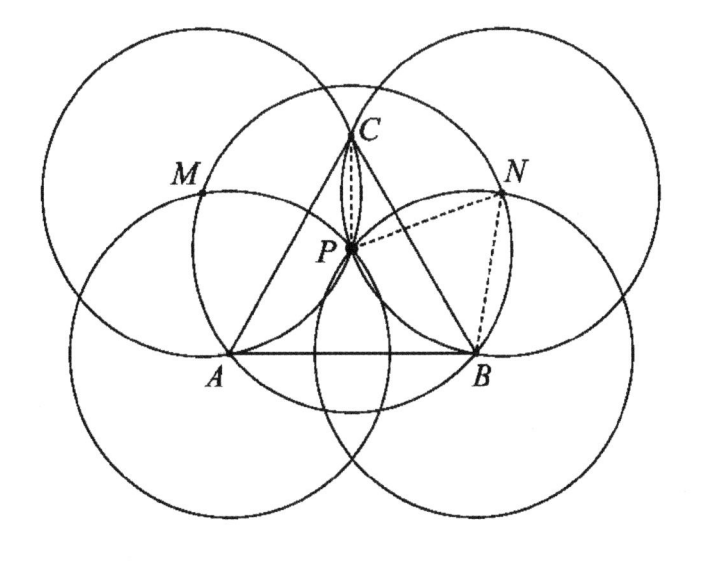

图 1

丹・佩多受到启发，在 1980 年的《数学难题》（*Crux Mathematicorum*）杂志上提出了这样一个问题：如果 A、B 是任意给定的两点，满足要求的点 C 仍然能够只用锈规作出吗？1982 年，佩多听闻了我国张景中和杨路给出的解答，并把它发表在了同一杂志上。让我们来看看，单用锈规是如何作等边三角形的吧。

首先，我们介绍锈规的第一个比较明显的用途：找出给定两点 A、B 间的一条由单位长线段首尾相接构成的折线段。方法很简单，如图 2，先作

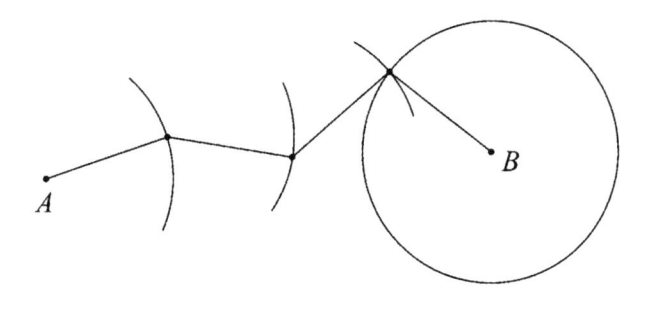

图 2

出圆 B，然后从点 A 出发，用锈规不断画弧并在弧上取点，然后以新的点为圆心继续画弧。总有一个时候，会有某个圆弧与圆 B 相交，此时我们所需要的折线段也就找到了。当然，由于我们没有直尺，我们是无法真正画出这条折线段的。不过这没什

么，和单规作图一样，我们需要的只是这些点的位置。

给定 A、B、C 三点，我们可以利用折线段构造法巧妙地作出平行四边形 $ABDC$。如图3，首先作出从 A 到 B 的折线段，再作出从 A 到 C 的折线段，然后顺次作出一个个边长为1的菱形，最终得到的点 D 就是所求的点。注意到，菱形都是平行四边形，因此我们所作的实际上是把折线段 AB 一点点平移到了折线段 CD，自然也就相当于把线段 AB 平移到了线段 CD，因而四边形 $ABDC$ 显然是一个平行四边形。

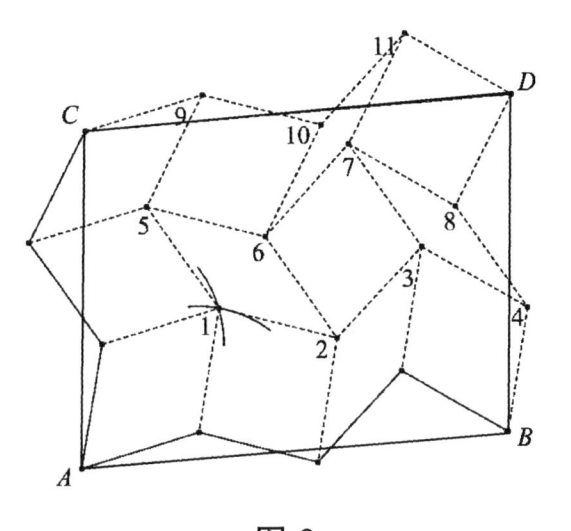

图3

好了，我们已经慢慢地接近目标了。考虑这样一个作图问题：已知等边三角形 PAB 和等边三角形 PCD，能否只用锈规找出点 E，使得 BDE 也是一个等边三角形？如图 4，事实上，这个 E 点恰好就是使得四边形 $APCE$ 为平行四边形的那个点，借助上面的方法我们可以轻易作出 E 点的位置。利用初等平面几何知识不难证明，如果 $APCE$ 是平行四边形，则△ABE、△PBD、△CED 全等，从而△BDE 必然是一个等边三角形。详细的证明过程就留给大家自己去完成了。

　　回到我们最初的问题，给定 A、B 两点后，我们可以像图 5 那样，先作出一条由单位长线段构成的折线 $A-P_1-P_2-\cdots-P_n-B$，进而作出 $n+1$ 个边长为 1 的等边三角形。然后，一次次套用作平行四边形的方法，作出 T_1，T_2，…等一系列的点，不断将两个小的等边三角形合成一个大的三角形。最后的 T_n 就是我们所求的 C 点，它使得△ABC 恰为一个等边三角形。至此，我们的问题已经圆满地解决了！

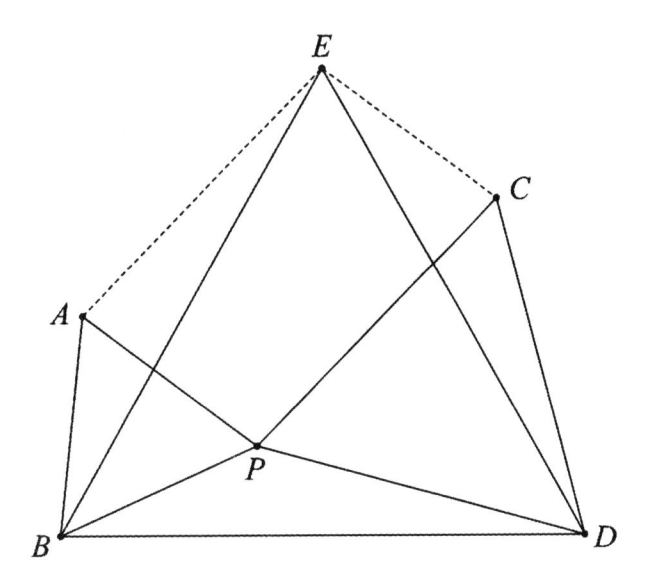

图 4

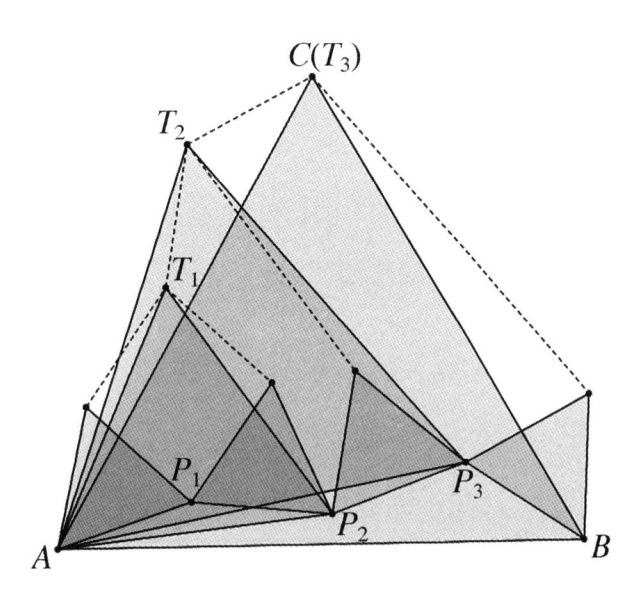

图 5

那么，给定 A、B 两点，能够作出正方形 $ABCD$ 吗？能够作出线段 AB 的中点 M 吗？侯晓荣等人对此做了进一步研究，利用复平面方法证明了一个非常强大的定理：事实上，从给定两点 A、B 出发，一切尺规作图能够完成的操作，锈规作图都能做到！1987 年，他们把这一成果撰写成《锈规作图论》一文，发表在了《中国科学技术大学学报》上。

值得注意的是，"从给定两点出发"这一条件必不可少。在有多个已知点的情况下，锈规作图的能力还有待研究。

4。火柴棒搭成的几何世界

到目前为止，我们的讨论仍然没有跳出直尺和圆规的框架。这次，让我们彻底摆脱传统的束缚，来看一个全新的作图方法：火柴棒作图。

我曾经看到过这样一个智力题：如何用火柴棒准确地搭出一个正方形？注意，由于没有任何工具可以让两根火柴棒拼成一个 90°角，因此用四根火柴棒随意摆出一个四边形，最多也只能是个菱形。要想拼出一个正方形，我们还得想些奇招来。

一个经典的做法如图 1 所示。先摆出线段 AB，然后我们将会确定线段 AK 的位置，使得两条线段成 90°角。在 AB 上随意找一个点 C，以 AC 为底搭出两个腰为 1 的等腰三角形 DAC 和 EAC。容易看出，D、E 是关于 AB 对称的两个点。搭建一系列等边三角形△ADF、△AFG、△AGH，确定出

D 关于 A 点的对称点 H。这样，H、E 两点就关于 AK 轴对称了。再搭一个等边三角形 AIE，则 I、G 两点也关于 AK 对称。因此，HG 和 IE 的交点 J 就在 AK 上，自然 AK 的位置也就确定出来了。重复执行以上操作，我们便能完成以 AB 为边的整个正方形。

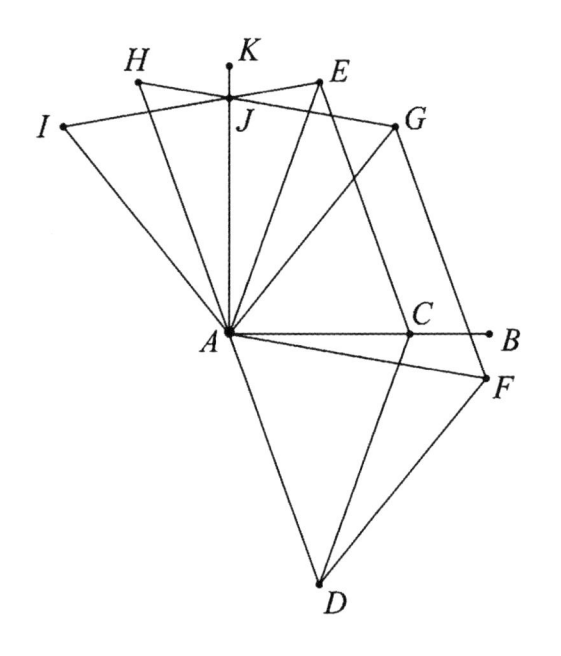

图 1

受此启发，我们自然而然地想到了这样一个问题：火柴棒的几何作图能力到底有多强？我们能仅凭借火柴棒找出线段的中点吗？我们能仅凭借火柴

棒搭出一个正五边形吗？1939年，道森（T. R. Dawson）在一篇论文中证明了一个惊人的结论：火柴棒作图与尺规作图的能力也完全一样！换句话说，用尺规作图能够确定的点，用火柴棒作图也能确定；而尺规作图办不到的事，火柴棒作图也没法办到。也就是说，和单规作图一样，火柴棒作图完全等价于尺规作图！

　　为了证明这一结论，我们首先得给火柴棒作图下一个定义。我们约定，用火柴棒作图时只允许以下四种基本操作，它们就是火柴棒几何中的"公理"。

　　（1）给定一点 A，可以作一条通过 A 的单位长线段，或者以 A 为端点的单位长线段。

　　（2）给定距离不超过单位长的两点 A、B，可以作一条通过 A、B 的单位长线段，或者以 A 为端点过 B 的单位长线段。

　　（3）给定距离不超过单位长的两点 A、B，可以以 AB 为底作一个腰为单位长的等腰三角

形 ABC。

（4）给定点 A 和与其距离不超过单位长的直线 l，可以作一条以 A 为端点，另一端点在 l 上的单位长线段。

其中，公理 4 非常有用，我们将在后面反复用到它。

有了这些公理，我们便可以一步一步搭建火柴棒的几何世界了。先来看一个最基本的操作：延长一条线段。

延长一条线段。

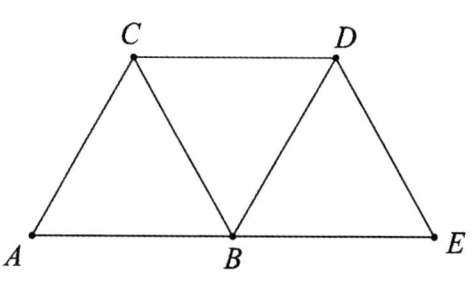

图 2

如图 2 所示，搭出一系列等边三角形，我们便能把 AB 延长到 AE。重复这样的操作，便可将一条线段无限延长。

注意到线段 CD 与 AB 平行且相距 $\dfrac{\sqrt{3}}{2}$ 个单位，因此我们还得到了一个非常有用的工具：将给定线段平移 $\dfrac{\sqrt{3}}{2}$ 个单位。

下面我们再来看一个基本操作。

找出长度小于单位长的线段的中点。

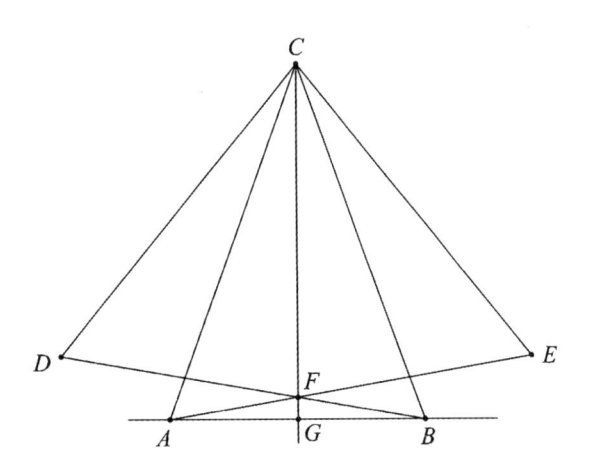

图 3

如图 3 所示，AB 为已知线段。先作等腰三角形 ABC，再作等边三角形 DBC 和 AEC。BD 和 AE 的交点 F 就在等腰三角形的中线上。CF 的延长线与 AB 的交点就是我们所求的点 G。

不过，当线段 AB 的长度等于或大于单位长时，这种方法就不能用了。

注意，由于 CG 还平分了 $\angle ACB$ 和 $\angle DCE$，因此我们相当于有了一个平分不超过 $120°$ 且不等于 $60°$ 的角的办法。另外，由于 CG 还是 AB 的垂线，因此我们又有了过点 C 向已知线段作垂线的方法——先利用公理 4 摆出线段 CA 和 CB，再找出 AB 的中点。即使 C 点离已知线段很远，垂线照样能作出，因为我们可以将已知线段不断平移 $\dfrac{\sqrt{3}}{2}$ 个单位，让它与 C 的距离足够近。不过，这里还是有一种特殊的情况：若 C 与已知线段的距离恰好是 $\dfrac{\sqrt{3}}{2}$ 的整倍数，这么做就不行了。

当线段 AB 的长度等于单位长时，我们可以用下面的办法找出中点。

找出长度等于单位长的线段的中点。

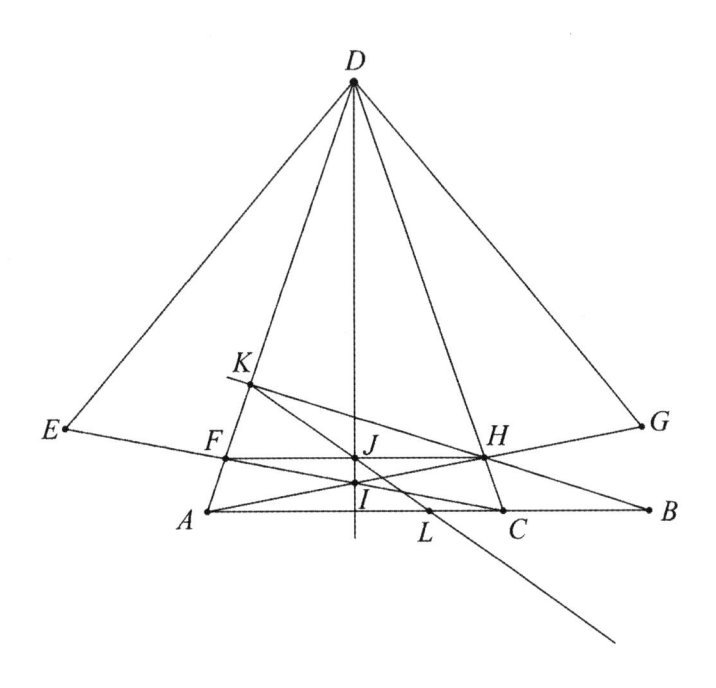

图 4

如图 4 所示，假如 AB 是一条长度恰为单位长的已知线段。首先在 AB 上任取一点 C，然后作等腰三角形 ADC。作等边三角形 DEC，与 AD 交于 F；作等边三角形 AGD，与 CD 交于 H；CE 和 AG 交于点 I。那么，DI 与 FH 的交点 J 就是 FH 的中点。BH 与 AD 交于点 K，KJ 与 AB 交于点 L，于是我们就成功地把 FH 的中点转移到了 AB 的中点。

这个构造弥补了我们之前留下的空缺。现在，我们不但能平分恰为 60°的角，也能引出长度恰为 $\frac{\sqrt{3}}{2}$ 的整倍数的垂线了。

利用这些基本操作，我们可以实现一些更复杂的几何构造了。

过已知线段外的一点，作已知线段的平行线。

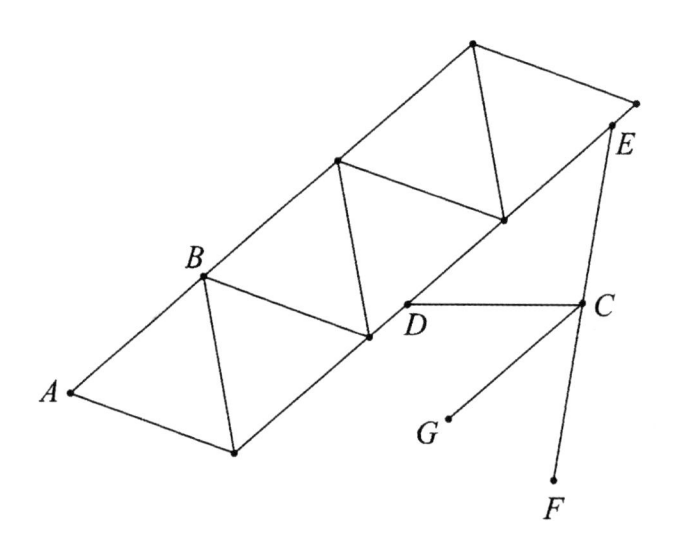

图 5

如图 5 所示，不断平移已知线段 AB，直到它离点 C 足够近。以 C 为端点，利用公理 4 引单位

长线段 CD、CE。反向延长 CE 到 F，容易证明 $\angle DCF$ 的平分线 CG 就与 AB 平行。

注意，虽然我们现在只能平分小于 $120°$ 的角，但好在，只要把线段 AB 平移到了离 C 点距离小于 $\frac{\sqrt{3}}{2}$ 的地方后，$\angle DCF$ 总是小于 $120°$ 的。

这就解决了下面这个大难题。

找出距离大于单位长的两点的中点。

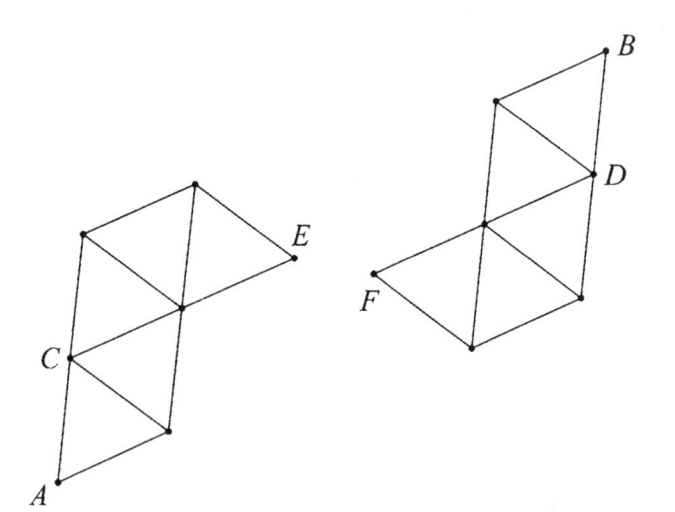

图 6

如图 6，已知很远的两点 A、B。向任意方向作单位长线段 AC，过 B 作它的平行线段 BD。利用一系列等边三角形，构造逐渐向中间靠拢的中心对称图形，直到出现距离不超过单位长的对称点 E、F。EF 的中点也就是 AB 的中点。

　　既然我们能找到任意线段的中点，平分大于 $120°$ 的角也就不成问题了。

　　好了，准备工作基本结束，下面我们就来说明火柴棒作图与尺规作图的等价性。注意到，火柴棒作图的四项基本操作都能用尺规作图实现，因此火柴棒作图是尺规作图的子集。为了说明尺规作图同时也是火柴棒作图的子集，我们只需要用火柴棒实现这样三个基本操作：作出过两点的直线、作出直线和圆的交点，作出圆和圆的交点。这样，火柴棒便能完全代替直尺和圆规了。

　　我们先来看最简单的一个：作出过两点的直线。

　　作出过 A、B 两点的直线。

为了连接 AB，首先找出 AB 的中点 C，然后找出 AC 的中点 D，BC 的中点 E……如此下去，直到 AB 之间有足够多的点，相邻点的距离都小于单位长度。这样，我们便可以用火柴棒连接很远的两点了。

作出直线和圆的交点就比较复杂了。

作出直线和圆的交点。

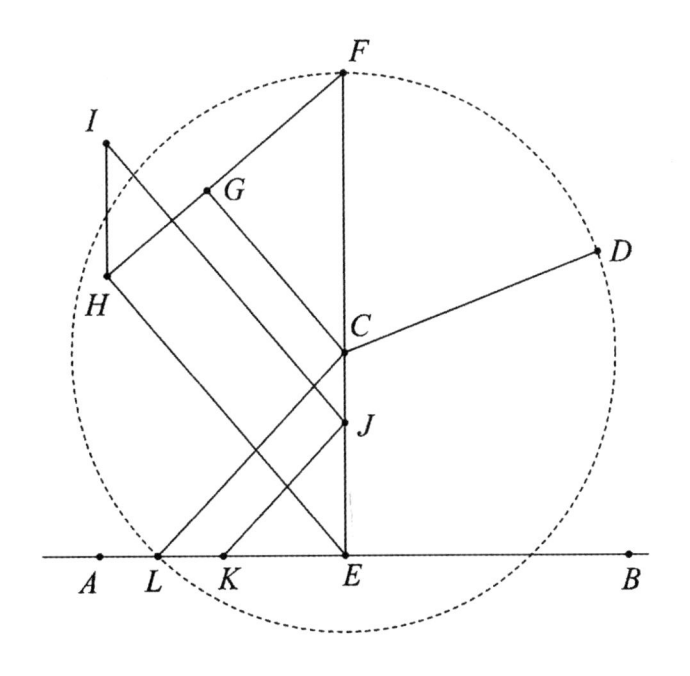

图 7

如图 7 所示，给定点 A、点 B、圆心 C 以及圆周上一点 D，我们需要找到直线 AB 与（隐形的）圆 C 的交点 L。过 C 作 $CE \perp AB$。在 CE 的反向延长线上截取 $CF = CD$（这是可以办到的，比如先作 $\angle DCF$ 的角平分线，再过 D 作角平分线的垂线；后面还会反复用到这个技巧）。向任意方向作单位长度线段 FG。过 E 作 CG 的平行线，交 FG 延长线于 H。过 H 作 EC 的平行线，截取 $HI = HG$。作 $IJ /\!/ HE$。

此时，图中的一系列平行线和等长线段告诉我们，$CE：CD = CE：CF = HG：GF = HI：GF = JE：GF$，而 CE 是小于半径 CD 的，因此 JE 是小于单位长线段 GF 的。于是，我们便可以利用公理 4 作单位长线段 JK。最后，过 C 作 JK 的平行线，把它与 AB 的交点记作点 L。由于 $CE：CD = JE：GF = JE：JK = CE：CL$，可见 CL 正好等于圆的半径长 CD，因此 L 点就是我们要求的圆与直线的交点。

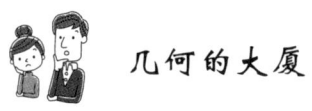

最后，我们只剩下一步了：用火柴棍作出圆与圆的交点。

作出圆和圆的交点。

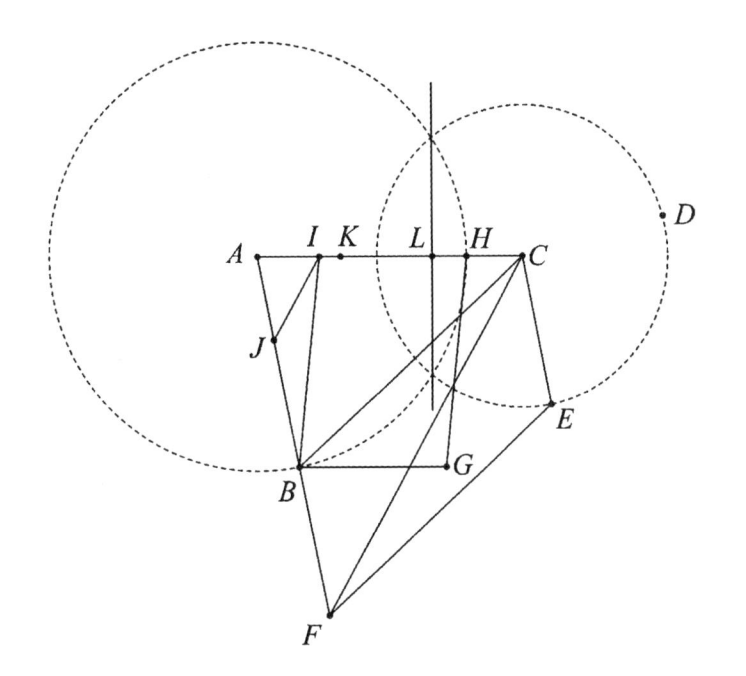

图 8

如图 8 所示，已知圆心 A 和圆周上一点 B，圆心 C 和圆周上一点 D，我们想要找出这两个圆的交点。由于我们已经能作直线与圆的交点了，因此为了作出两圆的交点，只要能找出公共弦所在直线即可。而公共弦与连心线垂直，因此我们只需要找出公共弦与连心线的交点 L 即可。不妨把圆 A 的半径记作 a，把圆 C 的半径记作 c，再在连心线上找出 $LK = LC$，则由勾股定理可得 $a^2 - AL^2 = c^2 - CL^2$，即 $a^2 - c^2 = AL^2 - CL^2$，再利用平方差公式可得 $(a+c)(a-c) = AC \cdot AK$。也就是说，AK 就等于 $\dfrac{(a+c)(a-c)}{AC}$。我们将利用这个关系找出 K 点来。

过 C 作 AB 的平行线，截取 $CE = CD$。作 $EF /\!/ CB$，则 AF 就等于 $a+c$。过 B 作 AC 的平行线，截取 $BG = BF$。截取 $AH = AB$，然后作 BI $/\!/ GH$，AI 就等于 $a-c$。作 $IJ /\!/ CF$，由 $\triangle AIJ$ 与 $\triangle ACF$ 相似可知 $AJ : AI = AF : AC$，因此 $AJ = \dfrac{AF \cdot AI}{AC} = \dfrac{(a+c)(a-c)}{AC}$。最后，只需要截取 $AK = AJ$，再找出 CK 的中点 L，问题就圆满解决了。

这样一来，所有尺规作图能够办到的事情，只用火柴棒也能办到，一切火柴棒作图问题都被终结

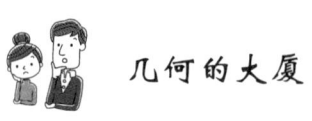

掉了。不过，对火柴棒几何的研究还远未结束。如何简化作图过程，作出指定图形最少需要多少根火柴棒……这些悬而未决的问题都还有待人们继续探索。

5. 折纸的学问

　　我们研究了几个很容易想到的另类作图工具。但到目前为止，我们还没有发现哪种几何作图模型的作图能力可以超越尺规作图。难道，尺规作图真的就是最强大的作图工具了吗？当然不是。这可能有些令人难以置信，一个看上去比尺规作图更"低端"的作图方法，其能力竟然远远超过了尺规作图。这种方法就是——折纸。

　　1980 年，北海道大学的阿部恒（Hisashi Abe）发现，用折纸法可以三等分任意角，而这是尺规作图无法办到的。

　　假设我们要三等分的角是∠XAY。如图 1，把∠XAY 放在矩形纸张的一个直角上，AY 靠着纸的边缘，AX 落在纸张内部。在纸张的另一直角边上确定两点 P 和 Q 使得 AP＝PQ。过 P 点作 AY

的平行线。现在，把纸折起来，让 Q 点恰好落在 AX 上，同时 A 点也恰好落在那条平行线上。不妨把 A、P、Q 的落点分别命名为 A'、P'、Q'，那么 AP' 和 AA' 就是 $\angle XAY$ 的三等分线。

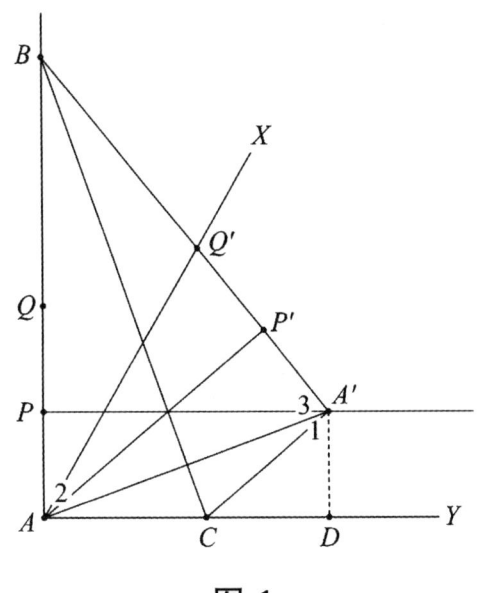

图 1

下面我们就来证明这一点。把折痕的端点分别记作 B 和 C，再过 A' 作 $A'D$ 垂直于 AY。由于 $A'D$ 平行于 PA，因此 $\angle 1 = \angle 2$；另外，$AB = A'B$，$\triangle BAA'$ 是等腰三角形，于是 $\angle 2$ 又等于 $\angle 3$。因此，$\angle 1$ 就和 $\angle 3$ 相等。再加上 $A'D = PA = P'A'$，AA' 是公共边，足以说明 $\triangle AA'P'$ 全等于 $\triangle AA'D$。这样，$\angle AP'A'$ 就

也是直角，从而$\angle AP'Q'$也是直角。又注意到$AP =$ PQ即表明$A'P' = P'Q'$，公共边$AP' = AP'$，于是$\triangle AP'A'$全等于$\triangle AP'Q'$。以A为顶点的三个直角三角形都全等，因此对应的三个角相等。

折纸为什么会比尺规作图更强呢？要解答这个问题，首先我们得解决一个更基本的问题：什么叫折纸，折纸的游戏规则是什么？换句话说，折纸允许哪些基本的操作？大家或许会想到一些折纸几何必须遵守的规则：所有直线都由折痕或者纸张边缘确定，所有点都由直线的交点确定，折痕一律是将纸张折叠压平再展开后得到的，每次折叠都要求对齐某些已有几何元素（不能凭感觉乱折），等等。不过，这些定义都太"空"了，我们需要更加形式化的折纸规则。1991 年，藤田文章（Humiaki Huzita）指出了折纸过程中的 6 种基本操作（也可以叫做折纸几何的公理，示于图 2）。

（1）已知 A、B 两点，可以折出一条经过 A、B 的折痕。

（2）已知 A、B 两点，可以把点 A 折到点 B 上去（这并不难办到，不妨想象这张纸是透明的，所有几何对象正反两面都能看见，下同）。

（3）已知 a、b 两条直线，可以把直线 a 折到直线 b 上去。

（4）已知点 A 和直线 a，可以沿着一条过 A 点的折痕，把 a 折到自身上。

（5）已知 A、B 两点和直线 a，可以沿着一条过 B 点的折痕，把 A 折到 a 上。

（6）已知 A、B 两点和 a、b 两直线，可以把 A、B 分别折到 a、b 上。

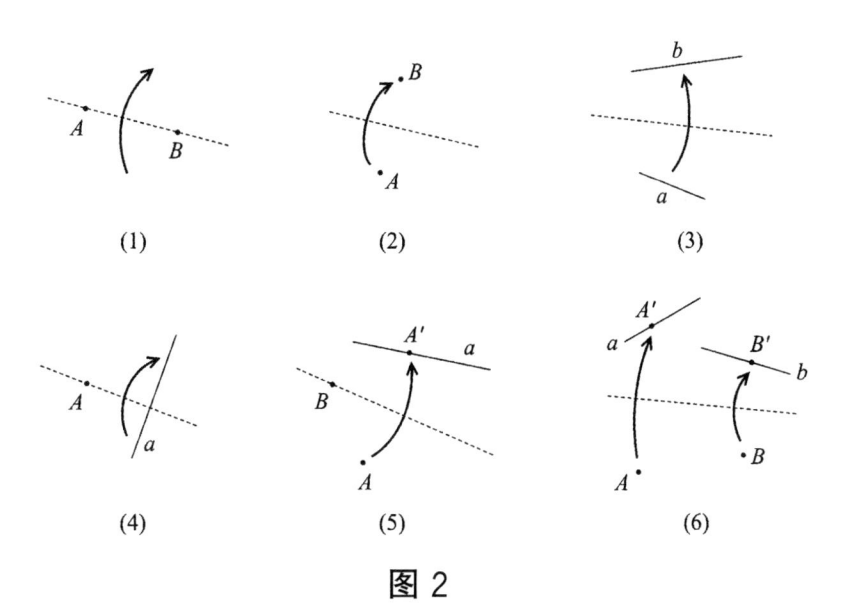

图 2

容易看出，它们实际上对应着不同的几何作图操作。例如，操作 1 实际上相当于连接已知两点，操作 2 实际上相当于作出已知两点的连线的垂直平分线，操作 3 则相当于作出已知直线的夹角的角平分线，操作 4 则相当于过已知点作已知直线的垂线。真正强大的则是后面两项操作，它们确定出来的折痕要满足一系列复杂的特征，不是尺规作图一两下能作出来的（有时甚至是作不出来的）。正是这两个操作，让折纸几何有别于尺规作图，折纸这门学问从此处开始变得有趣起来。

更有趣的是，操作 5 的解很可能不止一个。如图 3，在大多数情况下，过一个点有两条能把点 A 折到直线 a 上的折痕。

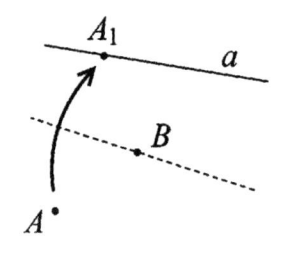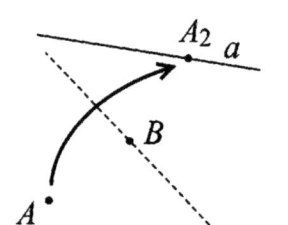

图 3

操作 6 则更猛，如图 4，把已知两点分别折到对应的已知两直线上，最多可以有三个解！

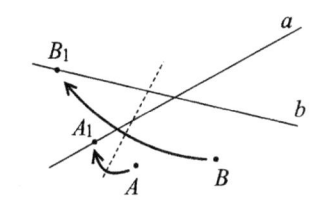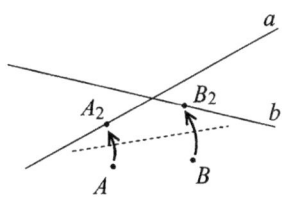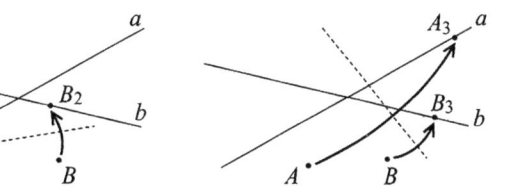

图 4

一组限定条件能同时产生三个解，这让操作 6 变得无比灵活，无比强大。利用一些并不太复杂的解析几何分析，我们能得出操作 6 有三种解的根本原因：满足要求的折痕是一个不可约的三次方程的解。也就是说，给出两个已知点和两条对应的已知直线后，寻找符合要求的折痕的过程，本质上是在解一个三次方程！

让我们来回顾一下尺规作图里的五个基本操作：

（a）过已知两点作直线；

（b）给定圆心和圆周上一点作圆；

（c）寻找直线与直线的交点；

（d）寻找圆与直线的交点；

（e）寻找圆与圆的交点。

这五项操作看上去变化多端，但前三项操作都是唯一解，后两项操作最多也只能产生两个解。从这个角度来看，尺规作图最多只能解决二次问题，加减乘除和不断开方就已经是尺规作图的极限了。能解决三次问题的折纸规则，势必比尺规作图更加强大。

正因为如此，一些尺规作图无法完成的任务，在折纸几何中却能办到。这就回到了本节开头提到的问题：用折纸法可以实现三等分角，而这是无法用尺规作图办到的。

我们有更简单的例子来说明，用折纸法能完成尺规作图办不到的事情。前面我们讲过，"倍立方体"问题是古希腊三大尺规作图难题之一，它要求把立方体的体积扩大到原来的两倍，本质上是求作2的立方根。由于尺规作图最多只能开平方，因而它无法完成"倍立方体"的任务。但是，折纸公理

6 相当于解三次方程，解决"倍立方体"难题似乎游刃有余。

有意思的是，用纸片折出 2 的立方根比想象中的更加简单。取一张正方形纸片，将它横着划分成三等份（方法有很多，大家不妨自己想想）。然后，将右边界中下面那个三等分点折到正方形内部的上面那条三等分线上，同时将纸片的右下角顶点折到正方形的左边界。那么，纸片的左边界就被分成了 $\sqrt[3]{2}$ ：1 两段。

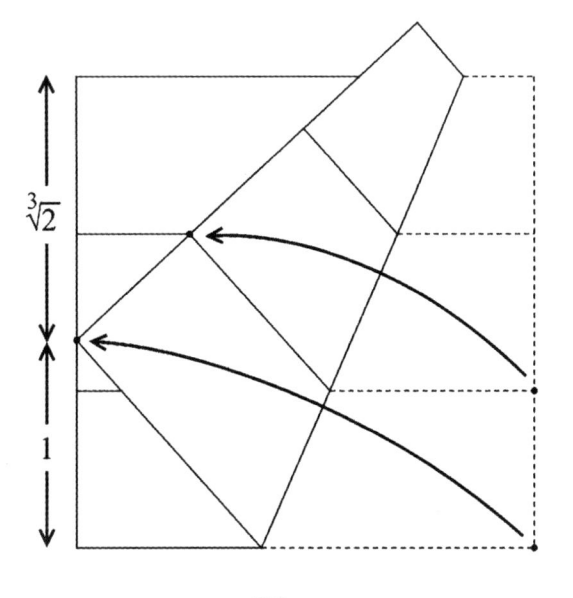

图 5

利用勾股定理和相似三角形建立各线段长度的关系，我们不难证明它的正确性。强烈建议大家自己动手算一算，来看看三次方程是如何产生的。

本文写到这里，大家或许以为故事就结束了，但 10 年以后（也就是 2001 年），事情又有了转折：羽鸟公士郎（Koshiro Hatori）发现，藤田文章的 6 个折纸公理并不是完整的。羽鸟公士郎给出了折纸的第 7 种操作。从形式上看，第 7 公理与已有的公理如出一辙，并不出人意料，很难想象这个公理在整整十年里竟然一直没被发现。继续阅读之前，大家不妨先自己想想这个缺失的操作是什么。这段历史背景无疑让它成为了一个非常有趣的思考题。

羽鸟公士郎补充的公理是：

（7）已知点 A 和 a、b 两直线，可以把 A 折到 a 上，同时把 b 折到自身上。

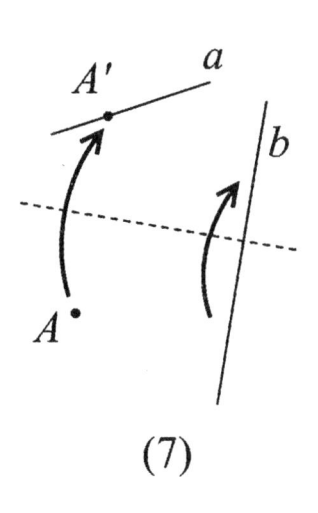

(7)

图6

后来，这7条公理就合称为藤田－羽鸟公理。在2003年的一篇文章中，罗伯特·兰（Robert J. Lang）对这些公理进行了一番整理和分析，证明了这7条公理已经包含折纸几何中的全部操作。

罗伯特·兰注意到，上述7项基本操作其实是由一些更基本的操作要素组合而成的，例如"把已知点折到已知线上""折痕经过已知点"等。说得更贴切一些，这些更加基本的操作要素其实是对折痕的"限制条件"。在平面直角坐标系中，折痕完全由斜率和截距确定，它等价于一个包含两个变量的方程。不同的折叠要素对折痕的限制力是不同的，例如"把已知点折到已知点上"就同时要求 $x'_1 = x_2$ 并且 $y'_1 = y_2$，据此可以建立两个等量关系，一下子就把折痕的两个变量都限制住了。而"折痕经过已知点"则只包含一个等量关系，只能确定一个变量（形式上通常表示为与另一个变量的关系），把折痕的活动范围限制在一个维度里。

不难总结出，基本的折叠限制要素共有 5 个：

（1）把已知点折到已知点上，确定 2 个变量；

（2）把已知点折到已知线上，确定 1 个变量；

（3）把已知线折到已知线上，确定 2 个变量；

（4）把已知线折到自身上，确定 1 个变量；

（5）折痕经过已知点，确定 1 个变量。

而折痕本身有 2 个待确定的变量，因此符合要求的折纸操作只有这么几种：（1），（2）＋（2），（3），（4）＋（4），（5）＋（5），（2）＋（4），（2）＋（5），（4）＋（5）。但是，这里面有一种组合需要排除掉：（4）＋（4）。在绝大多数情况下，（4）＋（4）实际上都是不可能实现的。如果给出的两条直线不平行，我们就

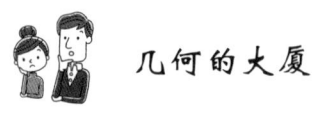

无法折叠纸张使得它们都与自身重合，因为没有同时垂直于它们的直线。

　　另外 7 种则正好对应了前面 7 个公理，既无重合，又无遗漏。折纸几何至此便有了一套完整的公理。

　　不过，折纸的学问远远没有到此结束。如果允许单次操作同时包含多处折叠，折纸公理将会更复杂，更强大。折纸的极限究竟在哪里？这无疑是一个非常让人振奋的研究课题。

6. 万能的连杆系统

在机器时代，作为机械构造的理论工具，连杆系统曾一度成为数学界中最热门的话题。所谓连杆系统，就是一些刚性的小杆在端点处以转轴的方式相连，形成的一个机械装置。固定某些顶点的位置之后，其余的动点就能画出一些有趣的轨迹。例如图 1 中的左图，固定杆 AB 的其中一个端点 A，则端点 B 将描绘出一个绕 A 点的圆周。

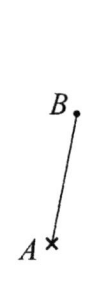
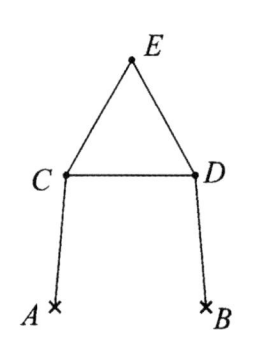

图 1

连杆系统最激动人心的，莫过于一些简单的连杆装置能够描绘出非常复杂的曲线。例如，图1的右图就是由五根相同长度的杆构成的连杆系统。固定 A、B 两个端点后，显然 C 和 D 描绘出的都是圆弧，但 E 点的轨迹就难以想象了。事实上，E 点的轨迹相当诡异，需要用一些复杂的代数语言才能描述（见图2）。

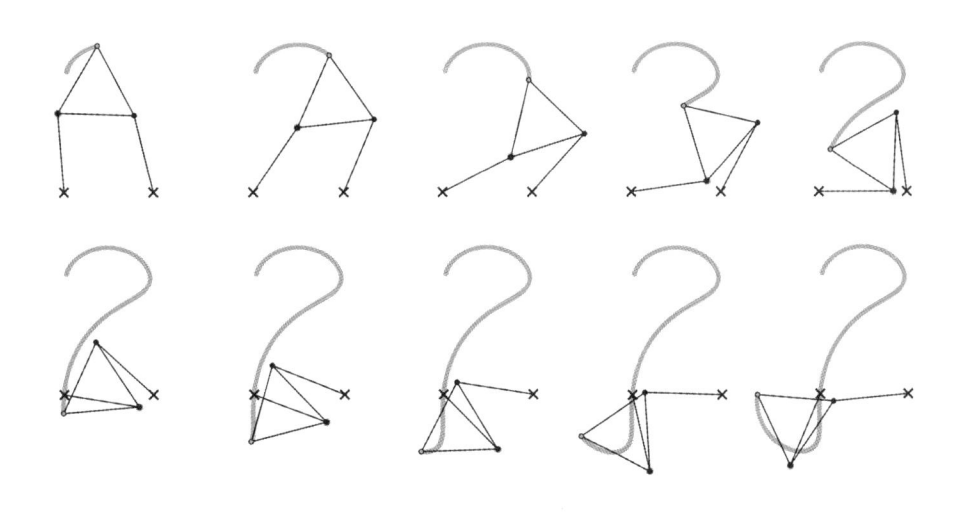

图 2

在连杆系统领域中，有一个困扰人类近百年的难题——利用连杆系统是否能画出直线来？当时看来，这个问题是如此地困难，人们甚至试图去证明，能画出直线的连杆系统压根儿是不存在的。

1864 年，一位法国海军军官查尔斯－尼古拉斯·波赛利（Charles－Nicolas Peaucellier）发明了第一个能画出直线的连杆系统，在当时引起了极大的轰动。波赛利连杆系统的原理并不难理解，利用初中几何知识足以证明其正确性。

波赛利连杆是由 7 根杆组成的，如图 3，其中 $AC = AD = a$，$BC = CE = ED = DB = b$，OB 为任意长。固定 A 点和 O 点的位置，使得 OA 的距离恰好等于 OB，则 E 点将会描绘出一条垂直于 AO 的直线来。

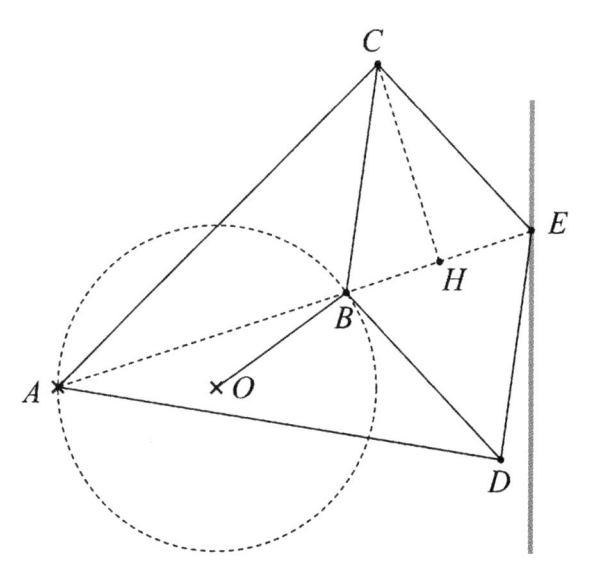

图 3

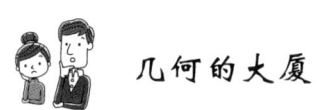

容易看出，A、B、E 三点在同一条直线上。我们首先说明，$AB \cdot AE$ 是一个常数。过点 C 作 $CH \perp AE$，垂足为 H。于是

$$AB \cdot AE = (AH - HB) \cdot (AH + HE)$$
$$= AH^2 - BH^2$$
$$= (AC^2 - CH^2) - (BC^2 - CH^2)$$
$$= a^2 - b^2$$

结果是一个常数。

为什么 $AB \cdot AE$ 为常数就能保证 E 点的轨迹是一条直线呢？如图 4，过 A 点作出圆 O 的直径 AM，在射线 AM 上找出一点 N 使得 $AM \cdot AN$ 也等于这个常数。由于 $AM \cdot AN = AB \cdot AE$，或者说 $\dfrac{AM}{AB} = \dfrac{AE}{AN}$，我们立即可知 $\triangle ABM$ 相似于 $\triangle ANE$，因此 $\angle ANE = \angle ABM = 90°$，也就是说 EN 与 AN 始终垂直。这就证明了，E 点的轨迹确实是一条与 AO 垂直的直线。

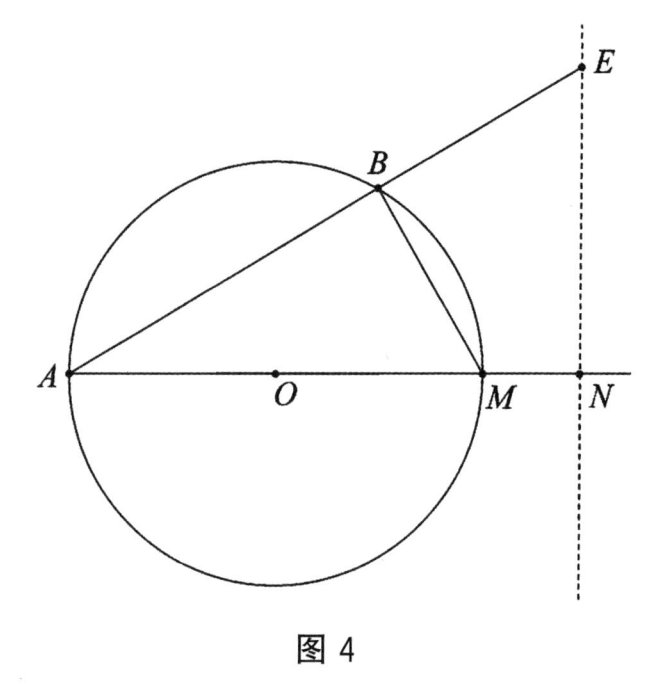

图 4

解决了连杆画直线的问题后，数学家们显然还不满足。很多迹象都表明，连杆系统比我们想象中的更强大，画出一些更奇怪的图形似乎不成问题。

有一个非常简单的构造几乎是瞬间增强了连杆系统的功能，让人们更加相信构造复杂连杆系统的可能性。虽然连杆系统要求杆与杆必须在端点处连接，但我们可以利用三角形的稳定性，把某根杆的一端直接接到另一根杆的中间。如图 5，虽然 AB 和 BC 是两根各自能绕着 B 转的杆，但简单地用三角形固定一下，AB 和 BC 将会变成一根杆 AC。利

用这一基本构造，我们就能把杆的端点直接连在另一根杆的中间了。

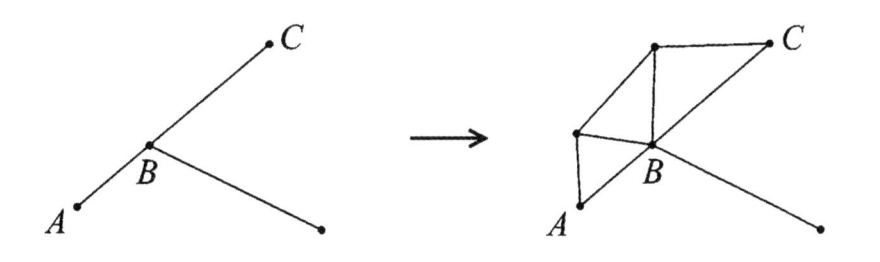

图 5

这一基本构造极大地激励了我们——我们何不像研究尺规作图一样，借助最基本的构造，构造出更实用的基本构造，逐渐搭建起连杆作图的大厦呢？1877 年，英国数学家艾尔弗雷德·肯普（Alfred Kempe）顺着这个思路研究下去，最后得出了一个惊人的结论：连杆系统不仅能画出直线和圆，还能画出双曲线、抛物线、椭圆，甚至半立方抛物线、双纽线等复杂的曲线。事实上，任何代数曲线 $f(x，y)=\sum_{i}\sum_{j}C_{i,j}\cdot x^{i}\cdot y^{j}=0$ 都是可以用连杆系统画出的！

这个证明的基本思路是这样的。如图 6，首先，

以 O 为端点构造两个菱形。利用两个波赛利连杆系统，我们可以让 x 点和 y 点始终沿着两条垂直的直线运动。固定 O 点后，我们就建立起了一个平面直角坐标系。接下来，我们需要把 y 点绕着原点顺时针旋转 90 度。假设菱形 $OCyD$ 的边长为 l，则构造连杆 $OC' = C'y' = y'D' = D'O = l$，$CC' = DD' = \sqrt{2} \cdot l$，这样我们就把 Oy 的长度转移到了 x 轴上。接下来，我们将用一系列连杆构造出一个点 T，使得 T 始终在坐标系中的 $(f(x，y)，0)$ 的位置上。然后我们将构造出一个点 S，使得 S 始终在坐标系中的 $(x，y)$ 位置上。最后，我们把 T 点的位置固定在 $(0，0)$，则 S 点就将描绘出 $f(x，y) = 0$ 的图像来。

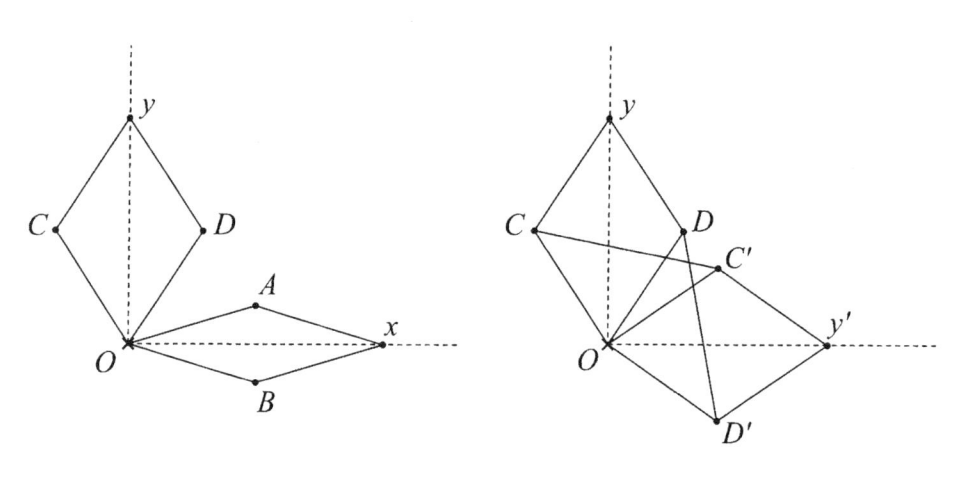

图 6

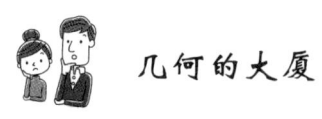

为了得到 $T(f(x，y)，0)$，我们只需要实现对 x 轴上的点的以下四种操作：

（1）把某个点的坐标加上一个常数 c；

（2）把某个点的坐标乘上一个常数 c；

（3）把两个点的坐标相加；

（4）把两个点的坐标相乘。

前两个操作并不困难。如图 7，对于 x 轴上的某个点 p，为了得到点 $z=p+c$，只需要固定两个距离为 c 的点 A、B，并构造一系列平行四边形即可。为了得到点 $z=c \cdot p$，我们只需要构造一组相似三角形 OAp 和 OBz，使得 $OB=c \cdot OA$，$Bz=c \cdot Ap$。添加一个杆 pC 使得四边形 $ABCp$ 为平行四边形，以保证这两个三角形是相似的。注意，在乘法器的构造中，我们用到了前面所说的基本构造，即杆的中间直接连接另一根杆。

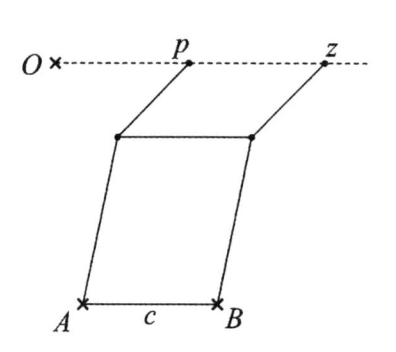
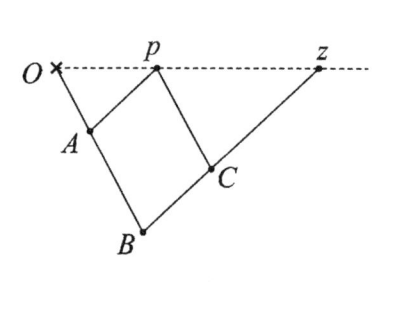

图 7

把两个变量相加也比想象中的容易。事实上，我们不但能在 x 轴上对两个动点做加法，还能直接实现一个更强的基本操作——对平面上的两个向量进行相加。如图 8，只需要构造一系列的平行四边形，容易看出四边形 $Opzq$ 也是一个平行四边形，向量 Oz 即是向量 Op 和 Oq 之和。

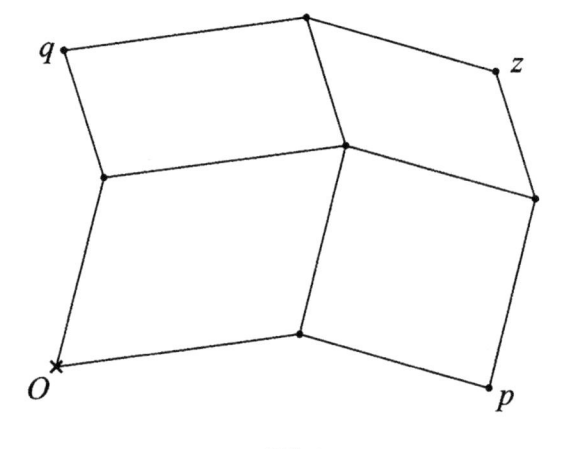

图 8

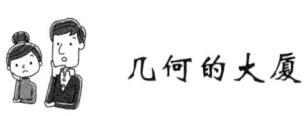

但是，对 x 轴上的两个变量进行相乘就有些麻烦了。注意到，由于 $p \cdot q = \dfrac{(p+q)^2 - (p-q)^2}{4}$，因此只要能实现平方操作，我们也就有了实现乘法的方法。而由于 $\dfrac{1}{p-1} - \dfrac{1}{p+1} = \dfrac{2}{p^2-1}$，因此只要能实现倒数操作，我们也就有了实现平方的方法。在证明波赛利连杆系统的正确性时，我们已经证明了在图 9 的连杆系统中有 $z \cdot p = a^2 - b^2$，利用它我们便能实现 $z = \dfrac{a^2 - b^2}{p}$。取 a、b 为适当的值，我们就能得到 p 的倒数了。

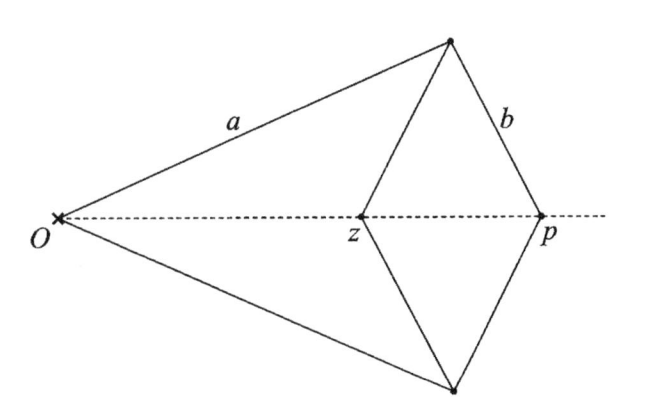

图 9

由于 x 和 y' 都已经在 x 轴上了, 利用上面的这些基本操作, 我们便能得到 $T(f(x, y), 0)$。另外, 利用向量加法器, 我们可以得到 Ox 和 Oy 的向量和 $S = (x, y)$。将 T 点的位置固定在原点 O 处, S 的轨迹就是 $f(x, y) = 0$ 的图像了。

肯普的结论最令人惊讶的地方莫过于, 由于各种曲线都能用代数曲线近似地描述, 因此连杆系统几乎是万能的。如果足够有耐心, 你甚至能构造一个连杆系统, 让它签出你的大名来!

7。探索图形剪拼

大家或许都见过这种类型的谜题：

图 1 是由 5 个相同的小正方形组成的图形，请你把它裁剪成三块，然后拼成一个大正方形。

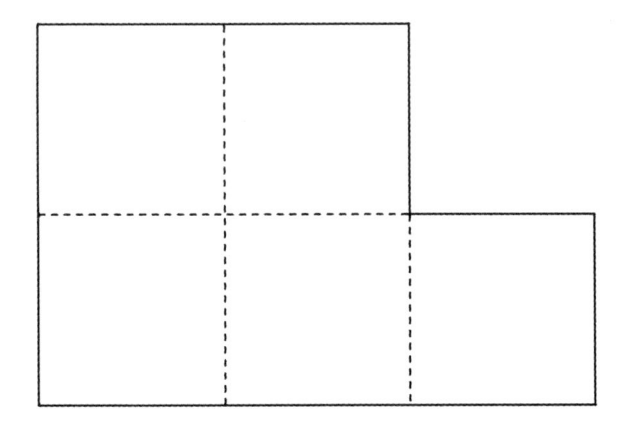

图 1

盲目尝试并不是一个好方法。注意到，把图 1 剪拼成一个正方形后，面积仍然是 5，因而它的边长一定是 $\sqrt{5}$，也就是说我们需要构造长度为 $\sqrt{5}$ 的线段。想到这一点，答案很快就出来了（见图 2）。

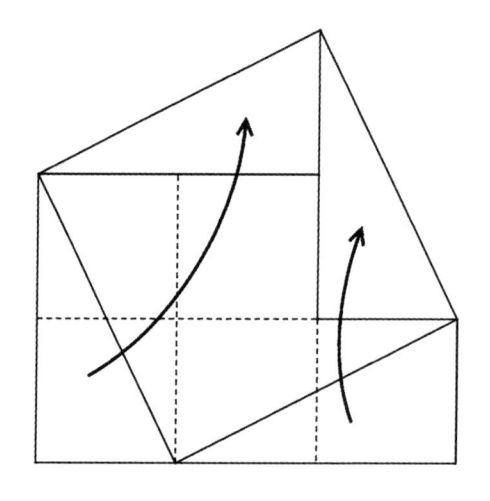

图 2

受此启发，我们可以利用图 3 的办法，把任意两个正方形剪成五块，然后拼成一个大正方形。

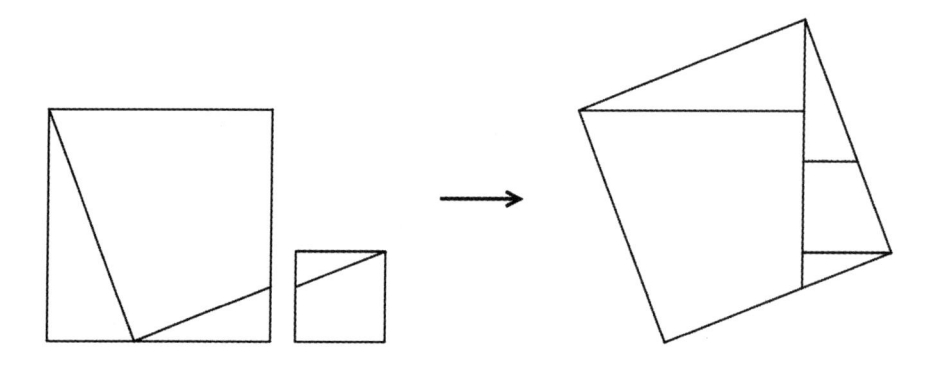

图 3

这给我们带来了图形剪拼谜题中一个一般的结论。

结论 1 两个正方形可以剪拼成一个大正方形。

有趣的问题来了：如果给你三个正方形，你还能把它们剪拼成一个大正方形吗？答案是肯定的。借助"二方合一"法，我们可以立即得到把三个正方形剪拼成一个正方形的方法：只需要先用这个方法把其中两个正方形剪拼成一个正方形，然后又一次使用"二方合一"把它与剩下的那个正方形再合成一个大正方形。显然，不管一开始正方形有多少个，这个"滚雪球"式的方法都适用——不断将两个正方形剪拼成一个正方形，直到最后只剩一个大正方形为止。因此，我们得到了一个更强的定理。

结论 2 任意多个正方形都能剪拼成一个大正方形。

其实，在结论 2 的证明中，我们不自觉地用到了图形剪拼的一些最基本的性质。下面，我们将不加证明地提出两个显而易见的结论，考虑图形剪拼的实际过程，这两个结论不难理解。

结论 3　如果图形 A 能剪拼成图形 B，图形 B 能剪拼成图形 C，则图形 A 也能剪拼成图形 C。

结论 4　如果图形 A 能剪拼成图形 B，则图形 B 也能剪拼成图形 A。

利用这两个基本结论，我们能够推出很多有意思的东西。比方说，定义一个"棋盘"是由一个个大小相同的小方格相连形成的图形。由于任意形状的棋盘都能切分成若干个小正方形，而任意多个正方形都能剪拼成一个大正方形，于是，利用结论 3 我们便可知道，不仅仅是本节开头提到的图形，任意形状的棋盘都能够化成一个大正方形（见图 4）。联想到结论 4，我们又可以得到一个看上去更帅的结论：一个正方形能剪拼出任意形状的棋盘。

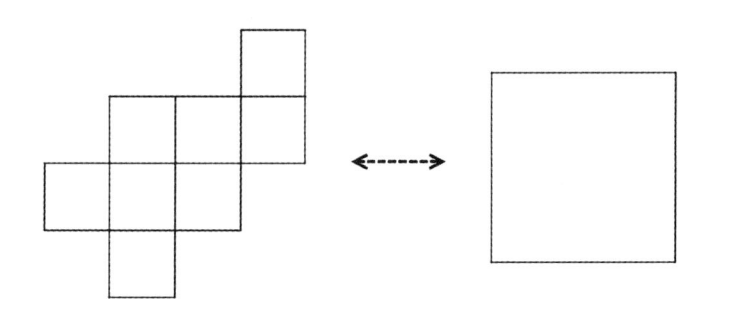

图 4

　　我们更进一步地思考，那么任意一个矩形是否也总能剪拼成正方形呢？有人可能会说，那还不简单，把这个矩形沿着水平线和竖直线切成一个个的小正方形，然后利用前面的结论不就可以了吗？比方说，把一个长宽比为 3∶2 的矩形分成 6 个小正方形，然后再用结论 2 不就能变成一个大正方形了吗？且慢！不见得任意一个矩形都能像这样分成一个个的小正方形。例如，由于 $\sqrt{2}$ 不是有理数，换句话说它不能表示成两个整数之比，因此长宽比为 $\sqrt{2}∶1$ 的矩形就不可能划分成一个棋盘。看来，我们还得想想别的招儿。

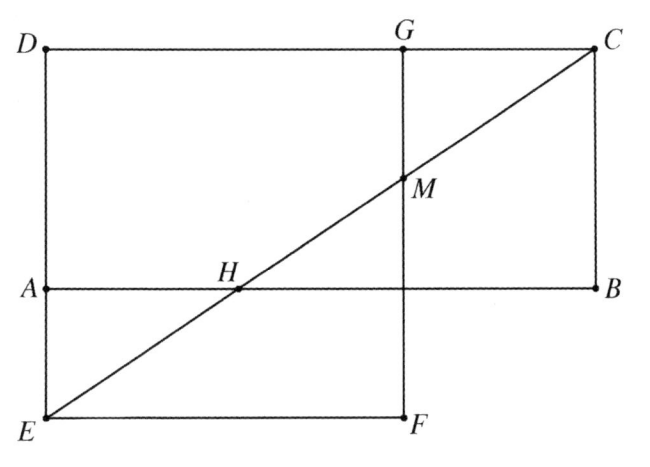

图 5

如图 5 所示，假设矩形 $ABCD$ 的长 $AB = a$，宽 $BC = b$，则与它面积相等的正方形边长就应该是 $\sqrt{ab}$。在 DC 上截取 $DG = \sqrt{ab}$，在 BA 上截取 $BH = \sqrt{ab}$。连接并延长 CH，与 DA 的延长线交于点 E。过 G 做 DC 的垂线，过 E 作 DE 的垂线，两条垂线交于点 F。显然四边形 $DEFG$ 也是一个矩形。

容易看出，$\triangle AHE$ 和 $\triangle GCM$ 全等，$\triangle EFM$ 和 $\triangle HBC$ 全等，因此把矩形 $ABCD$ 沿 CH、GM 剪开并分成三块后，可以拼成矩形 $DEFG$。由于这个新矩形的一边长为 $\sqrt{ab}$，而它的面积和原矩形一样都是 ab，可知它的另外一边也是 $\sqrt{ab}$，也就是说它是一个正方形。

但是，这个办法有一个限制条件：矩形的长不能超过宽的 4 倍，否则 $\triangle GCM$ 会有一部分跑到矩形外面去，如图 6 所示。

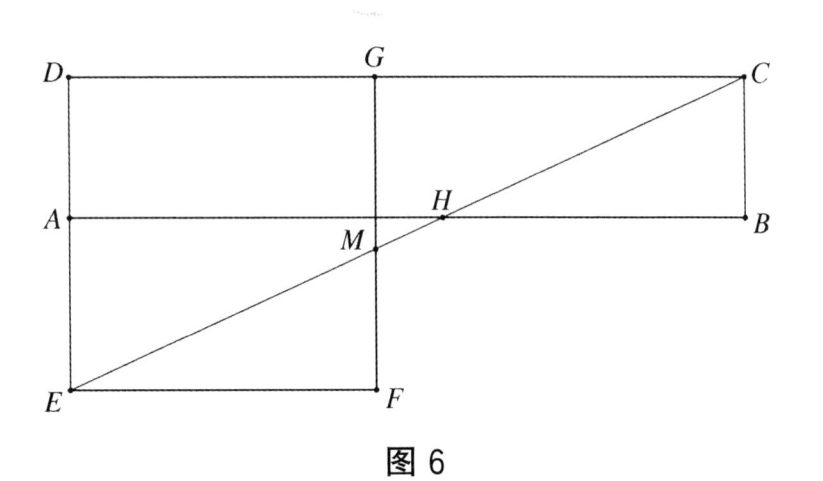

图 6

因此，我们得到了一个并不太完美的结论。

结论 5　若矩形的长宽之比小于 4：1，则这个矩形可以剪拼成一个正方形。

如果矩形的长宽比超过了 4：1 的话，我们还能把它剪拼成一个正方形吗？答案是肯定的。如图 7 所示，如果沿着与较短边平行的线条把一个矩形分成两半，再把其中一块放到另一块的上面，我们就能得到一个新的矩形。这个新矩形的长缩小到了原来的一半，宽却变成了原来的 2 倍，换句话说长与宽的比值减小到了原来的 $\frac{1}{4}$。不断重复这一操作，我们最终总能得到长宽比小于 4：1

的矩形。

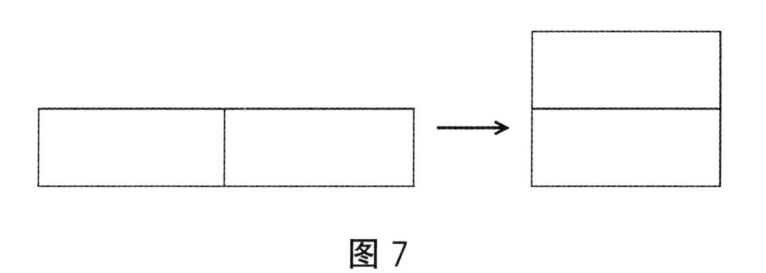

图 7

结论 6 任意一个长宽比超过 4：1 的矩形都可以剪拼成一个长宽比小于 4：1 的矩形。

把上面两个结论综合一下，再利用结论 3，我们就得到了一个完美的结论。

结论 7 任意一个矩形都可以剪拼成一个正方形。

大家可能会很快想到，对于任意平行四边形，我们都可以像图 8 那样，把它变成一个矩形。

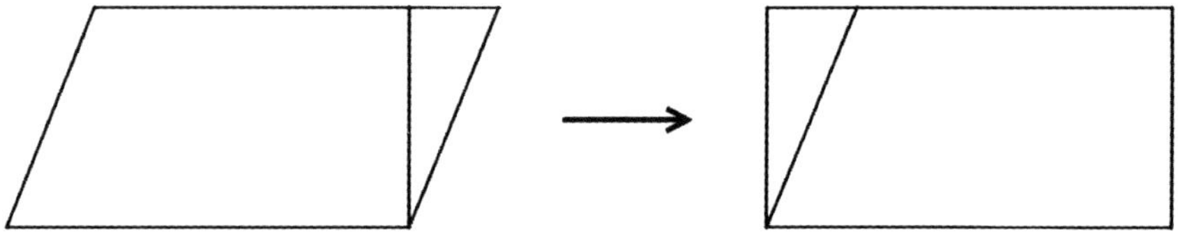

图 8

因此我们有：

结论 8 任意一个平行四边形都可以剪拼成一个矩形。

而刚才说过，任意矩形都能变成正方形。这样，任意一个平行四边形也都能剪拼成一个正方形了。

沿着三角形的中位线将一个三角形分成两块，我们立即发现所有三角形都能变成一个平行四边形（见图 9）。

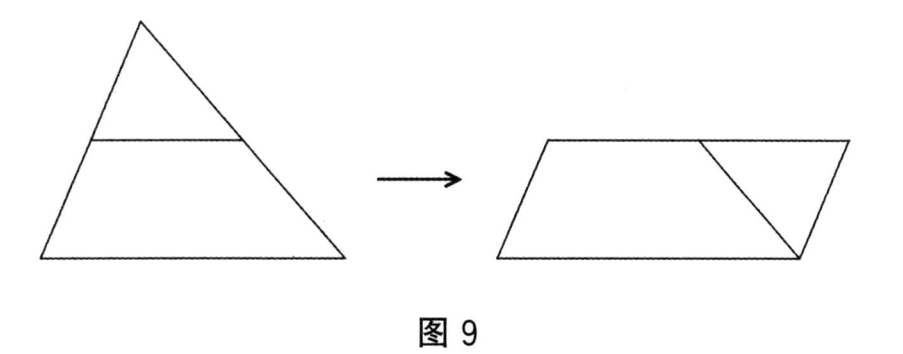

图 9

因而我们有结论 9。

结论 9 任意一个三角形都可以剪拼成一个平行四边形。

这样一来，任意一个三角形也都能够剪拼成正方形了。注意到任意一个四边形总能分成两个三角形，每个三角形都能剪拼成一个正方形，而两个正方形又可以合成一个大正方形，于是我们又可以得到结论 10。

结论 10 任意一个四边形都可以剪拼成一个正方形。

事实上，不仅仅是四边形，任意一个多边形都能分割成若干个三角形，而每个三角形都可以剪拼成一个正方形，任意数目的正方形又能合成一个大正方形（见图 10）。

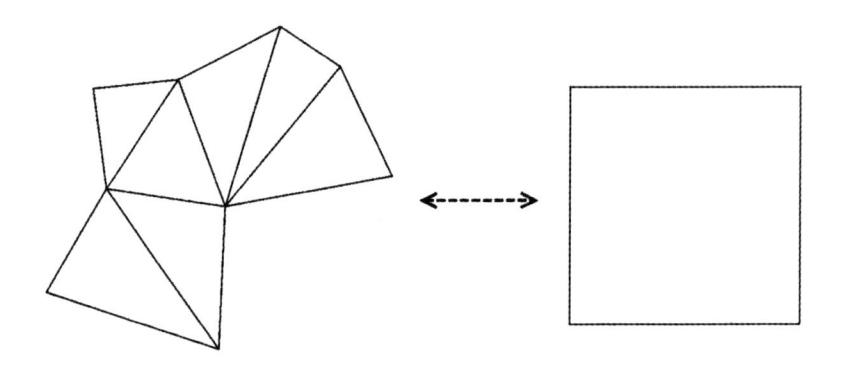

图 10

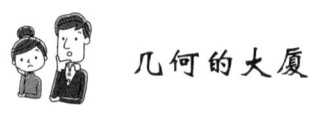

于是，我们得到了一个更加疯狂的结论。

结论 11 任意一个多边形都可以剪拼成一个正方形。

任意给定两个多边形 A 和 B，由结论 11 可知它们都能剪拼成正方形。如果给定的两个多边形面积相等，那么它们各自剪拼出来的正方形也应该具有相同的边长，换句话说多边形 A 和多边形 B 可以剪拼为同一个正方形。由结论 4 可知，这个正方形也可以反过来剪拼成多边形 A 或者多边形 B。再结合结论 3，我们便得到了这两个多边形之间互相转化的方法：多边形 A ⇔ 正方形 ⇔ 多边形 B。于是，我们得到了一个乍看之下很不可思议的神奇定理。

结论 12 任意给定两个面积相等的多边形，它们互相之间都可以通过剪拼得到！

这个定理叫做波尔约－格维也纳定理，是由法卡斯·波尔约（Farkas Bolyai）和保罗·格维也纳（Paul Gerwien）两位数学家分别在 1833 年和 1835 年证明的。